“十四五”普通高等教育本科部委级规划教材

首饰的多样化材料

郭鸿旭　著

中国纺织出版社有限公司

内　容　提　要

本书系统地阐述、分析了首饰各类传统及新兴材料的特性、工艺以及在首饰设计中的应用，分为基础篇和拓展篇，共八章。通过学习本书内容，学生可以拓展设计思维，尝试创新与突破传统首饰材料在造型、颜色、肌理及工艺等方面的局限，使首饰的表现形式更加多样，并能更好地表达设计作品的寓意、情感感受及精神价值等。

本书可供高等院校首饰设计、配饰设计专业师生及行业相关兴趣爱好者参考阅读使用。

图书在版编目（CIP）数据

首饰的多样化材料 / 郭鸿旭著 . -- 北京：中国纺织出版社有限公司，2024. 8

"十四五"普通高等教育本科部委级规划教材

ISBN 978-7-5229-1309-4

Ⅰ. ①首… Ⅱ. ①郭… Ⅲ. ①首饰—材料—高等学校—教材 Ⅳ. ① TS934.3

中国国家版本馆 CIP 数据核字（2024）第 013263 号

责任编辑：亢莹莹　　责任校对：高　涵　　责任印制：王艳丽

中国纺织出版社有限公司出版发行

地址：北京市朝阳区百子湾东里 A407 号楼　邮政编码：100124

销售电话：010—67004422　传真：010—87155801

http://www.c-textilep.com

中国纺织出版社天猫旗舰店

官方微博 http://weibo.com/2119887771

北京通天印刷有限责任公司印刷　各地新华书店经销

2024 年 8 月第 1 版第 1 次印刷

开本：787 × 1092　1/16　印张：10.5

字数：165 千字　定价：69.80 元

前言

自20世纪60年代开始，珠宝首饰的界限不断被重新界定，“当代首饰”的概念逐渐被人们熟知。当代首饰不仅适用于人们穿着上的需求，同时作为一种媒介，更是社会文化和时尚的体现。其创意方式不再将材料局限于贵金属和宝石，任何材料都可以运用到设计中。欧洲的一些艺术家和设计师一直站在当代首饰设计的前沿，他们致力于创作非传统材料的首饰或将传统材料用新技术、新工艺重现。欧洲的珠宝首饰高校也将这种“无界限”的创作形式贯穿课堂。笔者受到英国教育体系的影响，从本科开始研究多样化材料的首饰创作。本书的内容是根据多年来任教课程、参与项目和创作积累的经验而著。本书系统地归纳和分析了各类传统及新兴首饰材料的特性、历史背景、工艺以及在首饰设计上的应用。

本书分为两大模块，共计八章。第一个模块是基础篇，包括第一章珠宝首饰材料发展简史、第二章贵金属、第三章非贵重金属和第四章宝石。第一章珠宝首饰材料发展简史梳理和总结了首饰材料在各个时期具有代表性的制作方法、呈现形式和风格特点等。第二章至第四章主要归纳和总结了金属和宝石材料的属性及特点、历史背景、工艺和在首饰设计上的应用。金属和宝石一直是传统首饰和当代首饰常用的材料，是首饰专业学生必须掌握的基础知识。

第二个模块是拓展篇，包括第五章陶瓷与玻璃、第六章高分子材料、第七章天然有机材料和第八章纤维类材料。这一模块主要涉及首饰创作的新兴材料。当代首饰的创作材料是无界限的，所以种类繁多，这些材料被应用于各个行业领域，笔者将它们归纳和细分成以上四章内容，同样从它们的属性及特点、历史背景、工艺和在首饰设计上的应用等方面详述。

本书可以拓展学生的设计思维，鼓励学生尝试创新，突破传统首饰材料在造型、颜色、肌理及工艺上的局限，使首饰的表现形式更加多样。在掌握知识的同时能够更好地表达其作品的寓意、情感感受及精神价值等。

郭鸿旭

2023年11月21日

教学内容及课时安排

课程性质（课时）	课程性质（课时）	章（课时）	节	课程内容
基础篇（36课时）	基础理论（4课时）	第一章（4课时）	●	首饰材料发展简史
			一	公元前5000年至4世纪末
			二	5世纪至14世纪末
			三	15世纪至16世纪末
			四	17世纪至18世纪末
			五	19世纪至20世纪初
			六	20世纪至今
	应用理论与练习（32课时）	第二章（12课时）	●	贵金属
			一	金
			二	铂
			三	银
			四	贵金属的常用制作方法
		第三章（12课时）	●	非贵金属
			一	铜
			二	铝
			三	钛和铌
			四	铁
			五	钢
		第四章（8课时）	●	宝石
			一	宝石概述
			二	贵重宝石
			三	非贵重宝石
			四	有机宝石
			五	矿石原石

续表

课程性质（课时）	课程性质（课时）	章（课时）	节	课程内容
拓展篇 （32课时）	应用理论与练习 （32课时）	第五章 （8课时）	●	陶瓷与玻璃
			一	陶瓷
			二	玻璃
		第六章 （8课时）	●	高分子材料
			一	树脂
			二	塑料
			三	橡胶
		第七章 （8课时）	●	天然有机材料
			一	木头
			二	草
			三	生漆
			四	毛皮、兽骨及兽牙
		第八章 （8课时）	●	纤维类材料
			一	面料及丝线
			二	人造毛和人造皮革
			三	纸

注　各院校可以根据教学计划和教学方向对课时数进行调整

目录

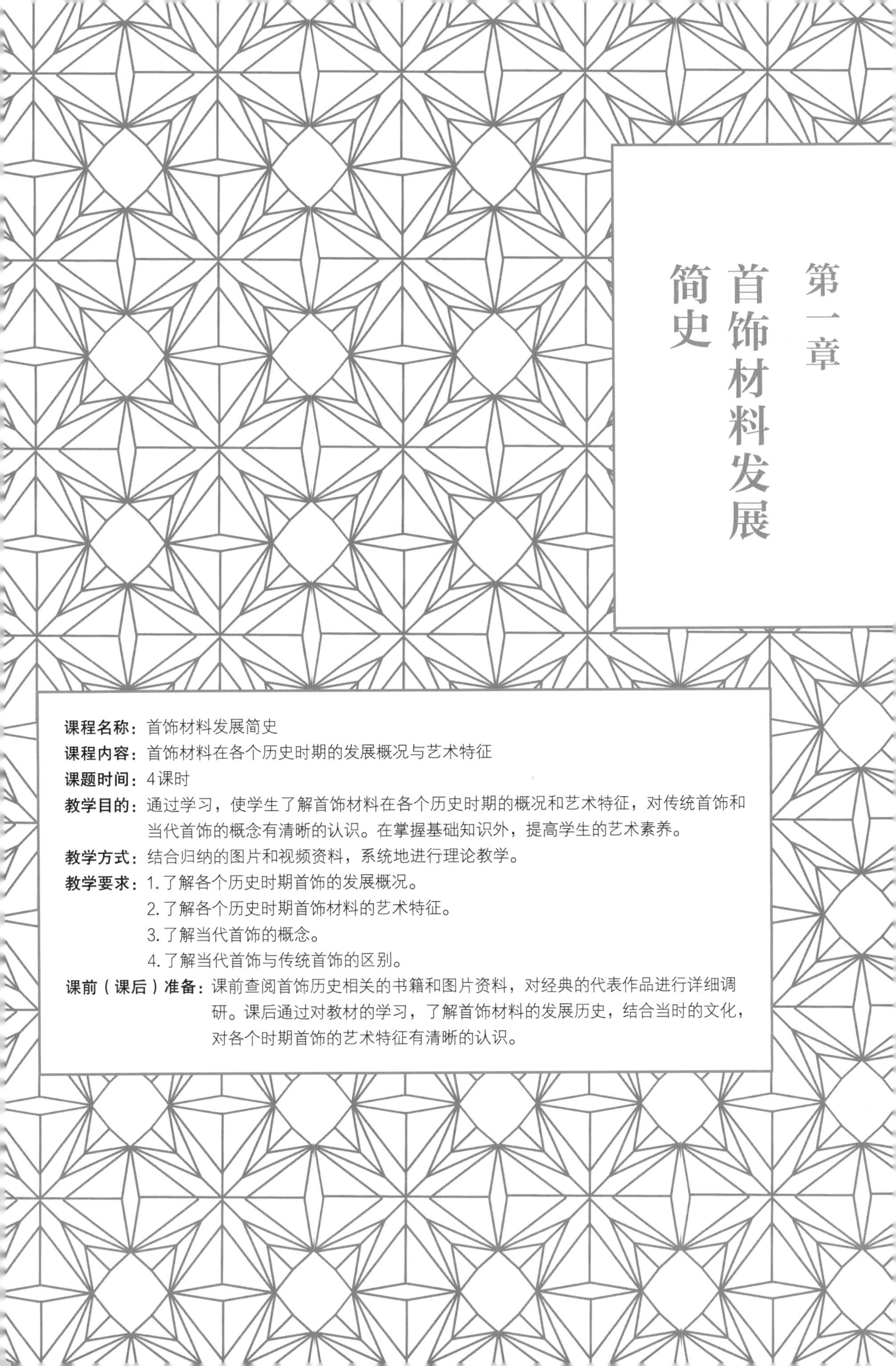

第一章 首饰材料发展简史

课程名称： 首饰材料发展简史

课程内容： 首饰材料在各个历史时期的发展概况与艺术特征

课题时间： 4课时

教学目的： 通过学习，使学生了解首饰材料在各个历史时期的概况和艺术特征，对传统首饰和当代首饰的概念有清晰的认识。在掌握基础知识外，提高学生的艺术素养。

教学方式： 结合归纳的图片和视频资料，系统地进行理论教学。

教学要求： 1. 了解各个历史时期首饰的发展概况。

2. 了解各个历史时期首饰材料的艺术特征。

3. 了解当代首饰的概念。

4. 了解当代首饰与传统首饰的区别。

课前（课后）准备： 课前查阅首饰历史相关的书籍和图片资料，对经典的代表作品进行详细调研。课后通过对教材的学习，了解首饰材料的发展历史，结合当时的文化，对各个时期首饰的艺术特征有清晰的认识。

自古以来，珠宝首饰便是装饰艺术中的一种，它具有艺术价值、社会以及历史价值，在特定的历史时期还具有货币或交换材料的价值。发展至今，当代首饰还具有表达艺术家或设计者的设计思想、情感需求、概念传达等功用。纵观珠宝首饰的历史，会发现许多材料已经存在几千年，在现代它们依然备受人们的喜爱，而且一些新的宝石和制作材料也被陆续发现，并逐渐流行。本章主要介绍了不同历史时期首饰材料应用的概况，人们可以通过对这些历史的了解，对一些首饰材料的发展和应用产生更清晰的认识。由于珠宝首饰在多个国家都有着悠久的历史，本章只是按照大致的时间线挑选部分国家的首饰历史进行介绍。

第一节　公元前5000年至4世纪末

人类早期出现的珠宝首饰以装饰和自我保护为目的。当人们选择稀有的材料制作成首饰时，已经逐渐将其视为象征着佩戴者财富和社会地位的物件。1933年，马克斯·马洛万爵士在伊拉克摩苏尔市以北发掘了以哈拉夫文化（公元前5000多年～前4300年）为主的阿尔帕契亚遗址，在“被焚烧的房子”中发掘出黑曜石制成的器皿、雕像和由6个黑曜石菱形链环组成的项链，上面点缀着贝壳和石坠以及一个泥珠，贝壳上有红色颜料，外部有沥青的痕迹（图1-1）。此遗址还发现了制陶和制石作坊。就当时的工艺技术而言，黑曜石是很难被切割、穿孔或打磨的，作为搭配装饰的贝壳必须从波斯湾或者红海沿岸引入，因此，这样一条黑曜石项链被视为珍品，象征着人们对奢侈的追求，这是人类早期宝石首饰的典范之一。

早在公元前4000年，古埃及的新石器文化时期就已经在制作精美的陶器和各种饰品，饰品的材料主要是青金石、玛瑙、绿松石和长石等宝石，或是一些带有条纹的天然大理石和骨头，它们被制作成各种大小形状的珠子或垂饰。古埃及前王朝巴达里文化时期（公元前4500～前4000年）的莫斯塔戈达（Mostagedda）遗址中发现了一条绿松石或绿色釉面滑石珠制成的腰带，腰带长约131cm（图1-2）。滑石是当时最常见的材料之一，它能够模仿蓝色或绿色光泽的绿松石或者蓝色的天然宝石。整条腰带上的滑石珠被骨头制作成的隔珠予以分隔，这也是目前所知最早的隔珠的应用。

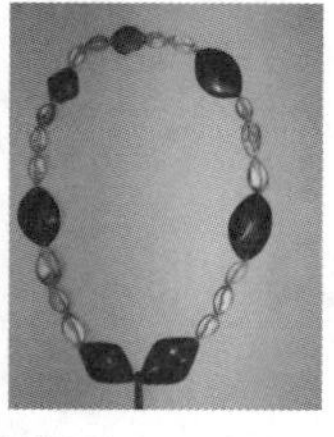

图1-1　黑曜石菱形链环

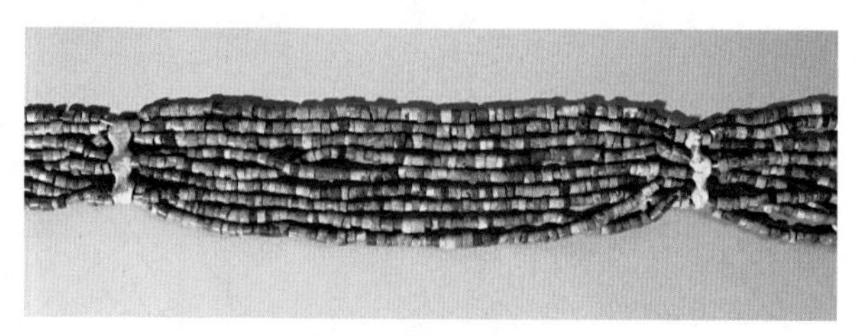

图1-2　滑石珠腰带

公元前3000年，在古埃及历史形成的最初阶段，更加坚硬且金光闪闪的黄金成为奢侈与权力的象征。黄金与宝石或其他贵重材料结合使用，然而只有极少数被留存下来，已无法对其具体的用途、形制做出考量。具有代表性的实例是出现在美索不达米亚地区的吾珥（Ur）普阿比王后墓陵（Pu-abi nin/eresh）。1922年这里出土了一批公元前2600~前2340年左右的精美黄金珠宝首饰。在这批珠宝首饰中，金属细工和金属珠粒工艺已经得到运用。这也是目前可寻的最早使用这些工艺的物件。其中普阿比王后的头饰最具代表性。整套头饰上缠绕了黄金丝带，20片黄金叶子，叶端坠红玉髓珠子，1串黄金圆环，2串青金石和玛瑙组成的串珠饰物，其中一串上点缀了数个宝石镶嵌花朵；发顶插了一把由七枝黄金制成的花饰组成的大梳子，重达6.35Kg（图1-3）。普阿比王后身披50多串黄金、玛瑙、红玉髓及青金石等半宝石组成的串珠饰物，腰部佩戴一条由10串横向排列的青金石、红玉髓和黄金珠子以及28个黄金圈组成的腰饰（图1-4）。

图1-3 普阿比王后头饰

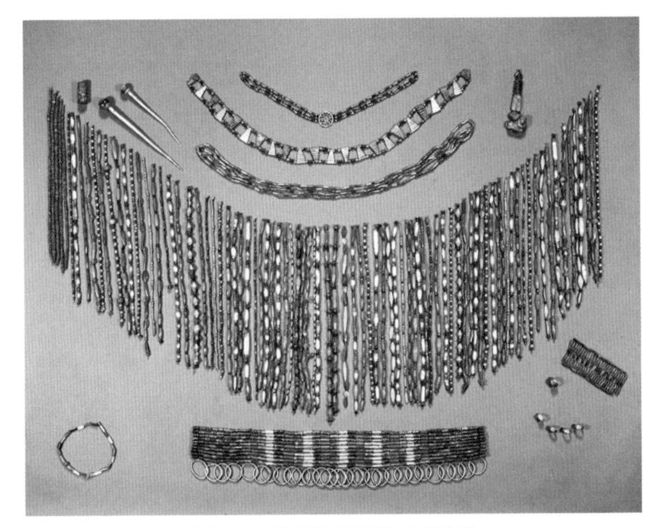

图1-4 普阿比王后的串珠饰物

在普阿比王后的墓室中还发现了带状的头饰，它由一排排青金石珠子作底，上面配有立体造型的动物和植物黄金垂饰，做工精细。由于发掘时墓室的屋顶倒塌，导致它的原始排列方式错位，它的发掘者英国考古学家伦纳德·伍利认为这条头饰应该是被缝在织物或者皮革上（图1-5）。但也有学者质疑他的排列方式，在一些展览中，它还以图1-6或图1-7这样的形式排列组合。普阿比王后的珠宝首饰复杂而隆重，证明了当时社会留存的珠宝首饰种类丰富、数量繁多。

古埃及的中王朝时期（公元前2040~前1786年）是埃及黄金珠宝饰物发展的重要阶段。金属珠粒、金属掐丝镶嵌以及金属压花工艺都是当时的主要制作工艺，这一时期银的使用也比较广泛，它的价值甚至超过了黄金。青金石、玛瑙、紫水晶、石榴石、绿松石、碧玉等天然材料也广受珠宝工匠及收藏爱好者的喜爱。

古埃及第十二王朝法老辛努塞尔特二世（SenusretⅡ）（约公元前1897~前1878年在位）的胸饰和项链镶嵌着372块精心切割的宝石。胸饰的纹饰图案充满了象征意义，底栏上的“Z”字线条由绿松石和红玛瑙拼贴镶嵌，代表着原始的水域从山丘而来。两只秃鹫身上镶满了青金石和绿松石，它们是太阳神的象征，秃鹫爪下扣住了圆形的镶嵌红玛瑙的象形文字，意为被包围，宣告着太阳神对宇宙的至高无上的权力。同样的象形文字被拉长环绕着辛努塞尔特二世的王位名字——哈赫佩尔。国王名字旁边是意味着生命的两个安克象形文字，它们被悬挂在眼镜蛇的身上，蛇尾缠绕在秃鹫头上的绿松石太阳圆盘上。秃鹫和眼镜蛇代表着国王的两个保护女神涅赫贝特（Nekhbet）和瓦吉特（Wadjet）跪在底部支撑着象形文字边框的是神“赫”（Heh），他紧握象征着“数百年”的两根手掌肋骨，这些造型复杂的图形全部由黄金、玛瑙、青金石、绿松石、石榴石镶嵌组成（图1-8）。

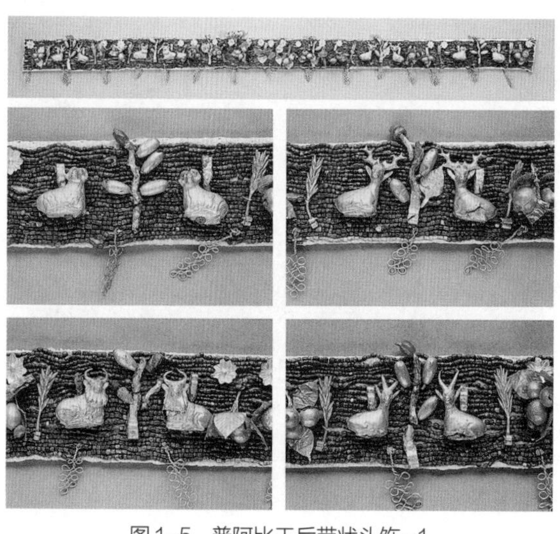
图1-5　普阿比王后带状头饰-1

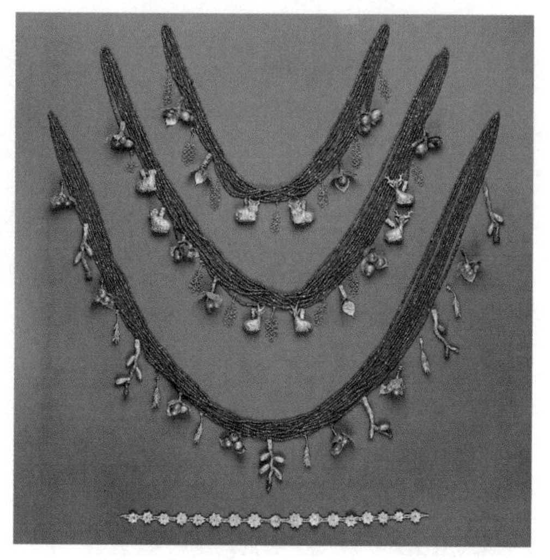
图1-6　普阿比王后带状头饰-2

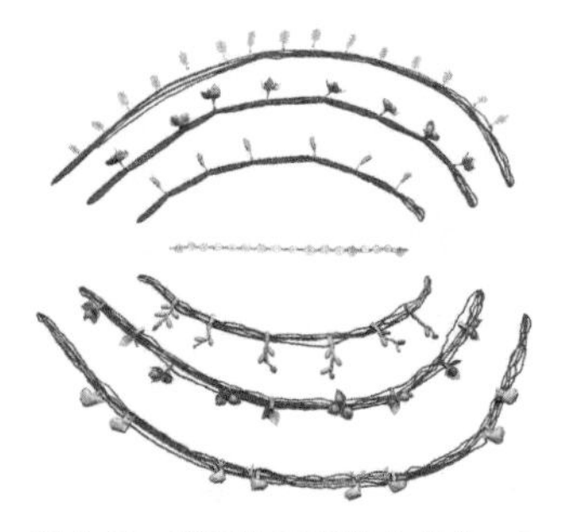
图1-7　普阿比王后带状头饰-3

图1-8　辛努塞尔特二世项链

古埃及的新王国时期（约公元前1553~前1085年），染色玻璃经常被用来模仿天然的石头，它们被大量地应用于串珠或镶嵌饰物。图坦卡蒙（约公元前1334~前1323年）墓葬中的这件胸饰中心部分是半透明的绿色玉髓制成的圣甲虫，与之相连的秃鹫张开的翅膀和尾巴上面镶嵌着彩色的玻璃。秃鹫爪抓住了象征着永恒的神符，左边手持一朵百合花，右边手持一束莲花。秃鹫尾巴下面是莲花和纸莎草花环。秃鹫翅膀两边是镶嵌彩色玻璃的两条眼镜蛇。蛇头上戴着黄色的太阳圆盘。圣甲虫头顶有一条细长的船，船上是荷鲁斯的左眼，象征着月亮，两侧是眼镜蛇的两张脸，头顶为太阳圆盘。船的上方是一个银色的月盘和金色的新月，上面有3个金色浮雕的人物，中间是法老戴的王冠，两侧是神灵做着保护的手势。这枚胸饰象征着结合，结合了太阳、月亮和埃及国王的权力（图1-9）。

公元前1000~前700年在伊朗西部的卢利斯坦出现大量的青铜别针，它们是较为不寻常的珠宝饰物，别针通常是用来系扣衣服的，但是这个时期的别针无论从材料还是尺寸和外形来说都更像是寺庙敬奉所使用的一类饰物。例如图1-10所示这枚镂空的别针，长14cm，宽8.9cm，使用青铜的脱蜡工艺铸造而成，头部描绘了一个戴着头饰、穿着螺纹领服装、高举双臂的动物主人形象，两侧是两头倒立的狮子，整个框架呈新月形，新月从底部的狮子面具中露出，末端两头是螺纹图案。这种形式的别针是当时卢利斯坦最流行的还愿用的饰物。由于这些别针由青铜脱蜡铸造而成，几乎没有完全相同的图案，在细节上会有很多变化，因此都需单独建模，但基本上是新月形或正方形的框架。

图1-9 胸饰

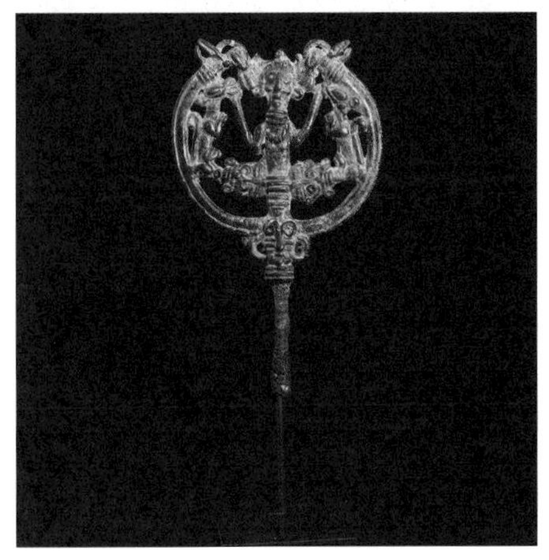

图1-10 青铜别针

大约在公元前1100年，古希腊在经历了美轮美奂的迈锡尼中心被摧毁后，进入了低潮期，这个时期的珠宝样品较少，主要是铜、少量的铁和体积很小的金。由于古希腊的黄金并不丰富，金匠和金饰的艺术也不复存在，直到公元前900~前700年，古希腊与东方的黄金市场建立了联系，才再次出现了奢华的金制物品，最初是在雅典、尤博亚、科林斯和克诺索斯，后来遍及整个希腊领土。这种早期的珠宝展示了复杂的技术和材料，如花丝、造粒、雕刻、嵌石、玻璃、琥珀等。据推测，这些金匠可能是从腓尼基移民过来的，他们建立了作坊，并将技艺传授给当地的学徒。所以当时的饰物既保留了迈锡尼时期珠宝的形式和图案，在一些物件中也显示

图1-11 黄金饰物

图1-12 黄金花环

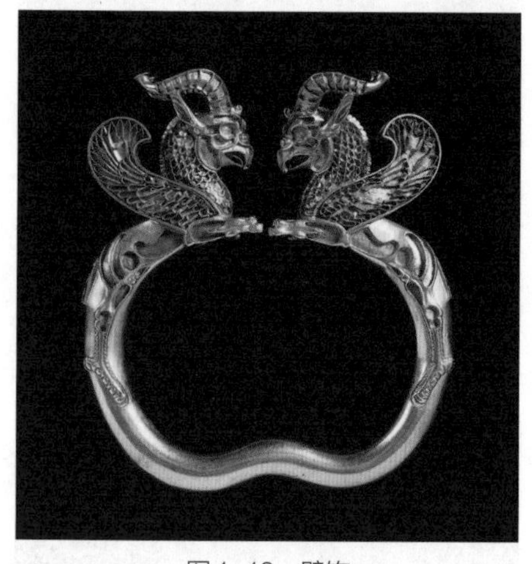

图1-13 臂饰

了腓尼基和小亚细亚艺术的影响。图1-11是一件公元前7世纪的玫瑰花型黄金饰物，6个花瓣中心是一个高浮雕工艺的老鹰。它是用于王冠点缀的饰物。

波斯战争后，黄金在古希腊更为常见，其中大部分用于宗教。古典时期的希腊（公元前5世纪~前4世纪）珠宝延续了古老的类型和装饰，东方化的人物和生物通常被花卉和几何图案取代。神话主题的人物，如阿芙罗狄蒂和厄洛斯也变得更加流行。附属的装饰上绘制着植物和动物的图案，或装饰女神阿芙罗狄蒂和她的儿子厄洛斯。流行的样式包括王冠、耳环、项链、手镯和指环。最令人印象深刻的是新的金制花环，上面有橡树、桃金娘树、橄榄树和月桂树的叶子和果实，这些花环被作为奖品在宗教仪式、游行和宴会上佩戴，并作为威望和胜利的标志埋葬在私人的坟墓里。图1-12所示是公元前4世纪~前3世纪的黄金花环，重629g（含支架），宽18.5cm，高30cm。由橡木叶金片组成，边缘和纹理呈锯齿状，中间有一个大的玫瑰花结。橡树的叶子象征着宙斯的力量。

1877年，在塔吉克斯坦塔赫提库瓦德地区出土了170件波斯的金属制品，被称为奥克瑟斯宝藏（Oxus Treasure）。它们被认定产自公元前5世纪~前4世纪。这批奢华的物件显现了波斯阿契美尼德王朝的审美趋向。这些物品包括实用器具、饰物和宗教礼仪器具。饰物中有手镯、绞丝饰件，还有装饰在衣服上的浮雕装饰物。图1-13所示的臂饰是其中较有代表性的饰物，环状的背部几乎是实心的，在圈的末端呈管状，形状是两只展着翅膀的狮鹫头，狮鹫的角、面部和身体都是空心的，翅膀和脖子曾用过珐琅工艺，上面的掐丝还得以保留。面部、身体和四肢都有很深的金属槽，最初可能镶嵌着彩色的石头或者玻璃，头、耳朵、角和翅膀是分开制作的。

南美洲的安第斯文化地区一直发展着黄金和白银的制作技术，公元前1200~前300年，查文文化（Chavin）中的黄金饰物展示了当时常用的锤敲工艺，将黄金锤成薄片，在薄片的背面敲出浮雕的造型，金片通常通过焊接不同的零件来形成三维物体，这也需要高超的技术和对连接金属片所需熔点的理解。金匠们会在金子中加入银，他们可能是第一批认识到合成金的性质优于纯金矿物的安第斯人。通过使用不同金属含量的合金，金匠们可以获得强度、延展性和其他制作所需的性能方面的飞跃。闪闪发光的黄金如阳光一般，是查文首选的制作材料。几乎所有被发现的黄金饰物都用于装饰，包括皇冠、面具和其他装饰性头饰，小的金饰也用于贴花缝在衣服上。查文文化的饰物具有独特的艺术风格，它们大多描绘的是美洲虎、鳄鱼、蛇、老鹰、秃鹫、鱼或者其他来自安第斯山脉、丛林和沿海水域的动物，人类向动物的转化也是一个经常出现的主题。它们既充满异域风情，也展示了神性文化（图1-14）。

200~850年，曾被学者们认为是“大师时期”，在此期间秘鲁北部的莫奇卡文化（Mochica）是极具代表性的，他们继承了查文文化的智慧与工艺技能。工匠和艺术家们用金、银和铜来制作仪式用具和装饰品，他们在结合金属方面特别有创造力，并开发创新技术以达到预期的效果。其中一些技术比当时欧洲所知的技术更加复杂。他们熟练掌握了金属金工的知识和技巧，包括锤敲、压花、拼贴和镶嵌、模具敲锤成型、空心铸造、实心和空心的焊接、镀金属等。图1-15所示是描绘武士的耳饰，约640~680年，材料是金、绿松石和木头，它由空心木塞和底座组成，上面用绿松石拼贴成马赛克装饰，这种马赛克是用一种树脂类的材料固定上去的。图1-16所示的饰物有着章鱼的身子、人的头部的造型，约300~600年，材料是金、贝壳和孔雀石。

图1-14 查文文化的黄金饰物

图1-15 耳饰

图1-16 饰物

古罗马历史的早期，珠宝首饰被认为是奢侈品而被官方反对，所以留存的物件稀少，直到公元前27年罗马帝国建立，其早期的艺术风格借鉴了希腊，珠宝首饰也同样受到其影响。这个时期的主要材料还是黄金，到了其世代末，珍贵宝石和半宝石（天然的普通宝石）被越来越多地使用。历史上第一次开始使用坚硬的宝石，如金刚石和蓝宝石，它们还未经精细切割，只做打磨使用。图1-17所示是一对黄金宝石耳环，长3~4cm。大约制作于2~3世纪，每一只都由一条有条纹的金片光环组成，中间是透镜状的蓝宝石珠子，下边呈梨状，上面有两个环，每个环上坠着切割成柱状的祖母绿。两种宝石的不同呈现方式佐证了当时对于坚硬宝石的处理方式。

在其本世代的末期还有一种金属细工的饰品很受欢迎，它采用一种叫装饰雕刻法（拉丁语：Opus Interrasile）的工艺制作而成。金匠们使用凿子在金片上打磨出宛如蕾丝镂空般效果，这在当时是很新颖的工艺，并且在拜占庭时期得到了进一步的发展。图1-18所示是一件带着钱币垂饰的金项链。3世纪制作，钱币是亚历山大・西弗勒斯（Alexander Severus）的钱币，材料是黄金和银，制作方法是装饰雕刻法，项链长80cm，大钱币直径5.6cm，小钱币直径3.5cm。

图1-17　黄金宝石耳环

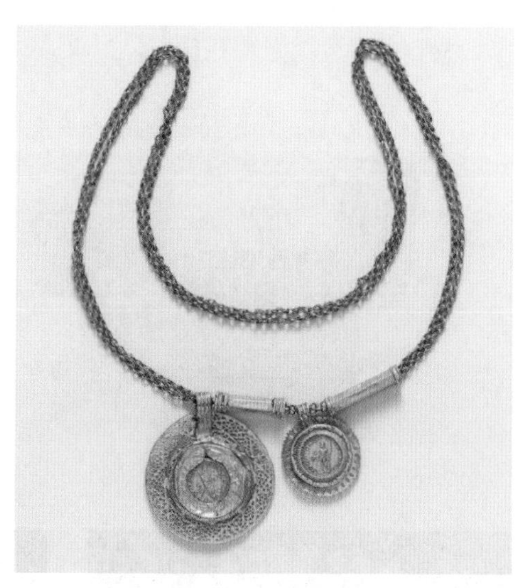

图1-18　金项链

第二节　5世纪至14世纪末

欧洲的中世纪开始于罗马帝国衰落后，结束于文艺复兴初期，通常指的是500~1500年。“中世纪”一词来源于文艺复兴时期的作家们，他们用以赞美古希腊人和古罗马人的成就和艺术作品，这个时代是介于文艺复兴时期与古罗马人时代的中间时期。这一时代也被称为“黑暗时代”（Dark Ages），知识成为教会的财产，创新技术的重要性微乎其微，但回顾珠宝首饰的历史，依然能看到不少工艺精湛、令人惊叹的珠宝，它们的制作材料多种多样，新的技术也令这个时期的珠宝首饰焕然一新。

一、日耳曼风格

中世纪早期的珠宝风格主要以日耳曼文化为代表，5世纪是日耳曼的迁徙时期，日耳曼部落在整个欧洲定居。当时的文化和生活都受到了晚期罗马帝国的影响。这也反映在珠宝首饰上，其工艺和装饰风格与晚期的罗马金饰并无太大区别。直到8世纪，拜占庭帝国的金币都在为日耳曼金匠提供“原材料”，拜占庭时期的大量黄金不再流入西欧，阿拉伯银成为最常用的珠宝金属，更为便宜的镀金或镀锡也普遍被使用，它们可以模仿黄金和银的效果。

日耳曼珠宝首饰的强烈视觉效果得益于对光线和色彩的搭配和对比，所以宝石也是主要的制作材料，其颜色对于西欧的新居民极为重要，蓝宝石、祖母绿尤其是石榴石被大量使用。彩色玻璃和宝石镶嵌是当时的主要技术之一，其中的一些饰物可能是从印度或者阿富汗传入的。日耳曼珠宝的多色特征通常是使用宝石的镶嵌来实现的，受到拜占庭艺术的影响，珐琅也经常被使用。同时来自东方的珍珠和苏格兰的淡水珍珠需求量也很大。

日耳曼的珠宝通常具有功能性特征，而不单纯发挥装饰作用。中世纪早期最常见的是服装的扣件，其中圆盘形胸针和肩胛胸针最为常见，用于固定长袍和披肩在颈部和肩部。出现一些搭扣，大到皮带扣，小到鞋子的固定扣。例如，图1-19所示是一对黄金肩扣，560年~610年，肩扣上面有折页一样的装置，矩形金板上面用链条连接一根销，插入销能够使两片折页固定在一起。在它的背面有数个金属圆圈用来固定在衣物上。肩扣中心装饰着由石榴石景泰蓝和玻璃组成的镶板。镶板两边是交错的野兽图案，它们的身体由石榴石镶嵌而成，眼睛由蓝色玻璃制成。圆形末端是两只相互连接的野猪图案，用石榴石景泰蓝制成，中间穿插着蛇形的掐丝图案，野猪的后腿上覆盖了金箔。石榴石下面垫入了刻线的金箔，这是当时的一种巧妙技法，将颜色较深的石榴石切成薄片，在其下垫入金箔就会变成颜色更加漂亮的血红色，金箔上通常会刻线或图案，可更好地折射光线，使其得

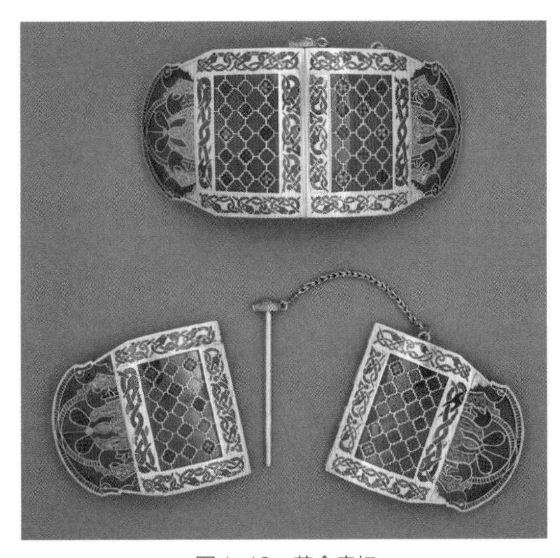

图1-19 黄金肩扣

到最佳效果。剑挂饰品和盔甲的装饰风格也与当时的珠宝风格如出一辙。妇女们经常佩戴戒指、手镯和项链，胸前也会佩戴一长串的玻璃或琥珀。耳环在中世纪早期是不常见的饰物。

二、拜占庭风格

珠宝首饰在拜占庭帝国（395~1453年）扮演了重要的角色，它们是身份的象征，也是外交的工具。529年，查士丁尼皇帝制定了一套新的法律来规范珠宝的佩戴和使用，后来被称为《查士丁尼法典》。法典里面明确规定蓝宝石、祖母绿和珍珠是皇帝使用的，但每个人都可以自由佩戴金戒指。这也证明了当时珠宝的广泛使用是非常流行的事情。拜占庭境内拥有金矿，地理位置非常适合东西方贸易，商人、军官和帝国的高级官员都有能力购买奢华的珠宝。查士丁尼规定，只有他才能决定谁佩戴最好的珠宝，例如，他会赠送自己最喜欢的“仆人”来自帝国工坊的礼物。但这并不意味着只有少数高级别的人可以佩戴珠宝，其他宝石和黄金都是允许常人佩戴的。在帝国工坊里制作的物品也会作为外交的礼物，由帝国的军事领导人或外交官随身携带。

图1-20　宝石手链

图1-21　拜占庭徽章

宝石是拜占庭时期非常流行的材料，它超越了黄金占据了主导地位，这些宝石主要来自东方，与印度和波斯频繁的贸易往来为君士坦丁堡带来了大量的石榴石、绿柱石、刚玉和珍珠。当时的人们喜欢五颜六色的珠宝，除了宝石，也使用珐琅来表现多彩的效果。在帝国的边界，人们开采黄金时发现了银。同时，饰物上也广泛地使用黑金（Niello），它是一种黑色的硫化物，与贵金属的颜色和色泽产生了对比，起到装饰作用。宝石的应用通常是被磨圆、抛光，然后钻孔，用一根金丝穿过孔洞，在宝石两边弯成一个圈，通过这样的方式连接成项链、吊坠、耳环、头饰或手链。图1-20所示是另一种典型的方式，将宝石切割成抛光的圆锥形，嵌入金属夹头中。从9世纪开始，珐琅技术进入帝国工坊，并很快成为一种流行的工艺，这项技术来自西方，在这里发展成广泛被使用的工艺，拜占庭的珠宝匠人大量使用这项工艺来描绘圣人（图1-21）。珐琅的传统制作方法是借助模具在黄金上压出重复的图案，这样可以复刻，再用非常精细的工具雕刻完善细节。镂空装饰在罗马帝国很流行，在拜占庭时代仍然是装饰金饰的一种最受欢迎的方法。这种工艺在4世纪达到高峰，到6世纪进一步发展。其通常使用两种方式，一种是用圆锥在金片上做镂空，然后仅在上面做雕刻或雕镂工艺；另一种是用小凿子在金片上切割（图1-22）。

拜占庭时期的珠宝种类也十分丰富，从头饰到耳环和项链，再到身体的链子、手镯和戒指，几乎所有装饰身体的种类都有，可以将典型的拜占庭珠宝盒装满。女士们青睐大的宝石镶嵌项链，男士们则喜欢佩戴胸饰，通常以硬币为基础，可能是作为军事装饰或身份的象征（图1-23）。十字架和珐琅圣人肖像的挂件也极为常见。

三、罗马式风格

10世纪~12世纪，罗马式风格盛行于西欧，这种风格是效仿拜占庭建筑和艺术对欧洲的影响而形成的。在800年查理曼大帝（Charles the Great）加冕为皇帝时，这种风格在北欧开始流行。拜占庭珠宝的宗教特征以及工艺被加洛林王朝和奥托尼亚宫廷采用。罗马式风格的珠宝大部分被献给教堂，例如，9世纪在圣加尔的修道院建立了传统的金工坊，到了10世纪，修道士金匠遍布欧洲，他们不仅制作黄金制品，还教授世俗的学徒，从而传播金工知识。1180年，伦敦的金匠开始在协会中合作。

图1-22 拜占庭金镂空匾额，约8世纪~12世纪

图1-23 拜占庭硬币首饰，5世纪

罗马式珠宝的材料依然以黄金和宝石为主，宝石通过意大利商人进入西欧。十字军东征（始于1096年）将大量的新材料带入欧洲，最终在12世纪和13世纪因与东方贸易的中断而停滞。这一时期的珠宝风格和技术与拜占庭相似。当时宗教图案最为流行，密集的表面装饰还保留着日耳曼风格（图1-24）。创新的风格产生于这一时代的末期，是接下来哥特式珠宝的开端。罗马式珠宝中有相当数量的宝石可能回收于拜占庭珠

图1-24 罗马式皇冠，1100年，埃森大教堂珍宝馆（Essen's Cathedral Treasury）

宝。许多镶嵌在皇室珠宝上的宝石显示有钻孔，显示它们可能在早期有不同的用途。

罗马式珠宝通常具有功能性特征，但也有纯粹是装饰性的珠宝。腰带、胸针和图章戒指是功能性首饰最好的例子。胸针被用作衣服的扣件或被缝在拜占庭风格的衣服上。宝石和珍珠可以提高织物图案的细致性，或者松散地附在长袍的接缝和边缘。腰带也是很好的装饰对象，它们的搭扣可以使用贵金属材料，皮革与贵金属是很完美的搭配方式，上面有时还会装饰宝石。

四、哥特式风格

在罗马式珠宝逐渐衰败后，一种叫哥特式的新风格出现了，但是它与哥特建筑的风格相去甚远。哥特建筑风格在12世纪已经兴起，但珠宝风格的变化一直持续到13世纪末才开始。威尼斯和热那亚的商人加强了与东方的联系，使新技术和宝石供应量增加，再加上欧洲大城市的崛起，这种新的时尚应运而生。13世纪，精致、异国情调的服饰和奢侈品进入法国宫廷，佩戴珠宝俨然是一个人的社会地位的象征，这一点可以从当时因宝石颁布的一系列法律中得到证实。阿拉贡王国在1234年就有了这类法律，1283年法国颁布了一项法令，1363年英国国王爱德华三世也颁布了法令，法律禁止平民佩戴某些种类的宝石镶嵌饰物，有的甚至规定了哪种财富等级的人可以佩戴镶嵌贵重宝石的金饰。对宝石的供应也增加了监管，1331年的一项法令禁止巴黎使用铅质玻璃仿造宝石。还有的禁止在紫水晶或红宝石后面放置有色金箔。中世纪鼎盛时期，最大的珠宝生产中心是巴黎、威尼斯、布鲁日、科隆和纽伦堡等地，它们的珠宝风格非常相似，通常难以分辨一件珠宝的起源地。威尼斯和热那亚是较重要的珍贵材料供应地，这些城市的商人从东方各地采购珠宝材料。在14世纪，珠宝风格基本不受建筑的影响，直到15世纪，密集的细节以及沉重的线条被清晰的图案和优雅的线条取代，宝石通常被装饰在普通的表面或平面，如乌银或珐琅。13世纪，彩色的珐琅可以用于三维立体的饰物上。黄金依然是最受欢迎的材料。

大约到了1375年，哥特式珠宝设计呈现自然主义的特点，轮廓变得柔和，通常在首饰的尖端或边缘装饰珍珠，当时最珍贵的珍珠是波斯湾进口的，它们通常在进入欧洲时就已经被钻过孔了。白公主王冠（Crown of Princess Blanche）是这种风格最好的例子之一，它是英格兰已知的最古老的皇家王冠（图1-25），可以追溯到1370~1380年，皇冠底部由12个六边形玫瑰花环组成，每个玫瑰花环上都有一枝金色的茎，上面有一个百合花冠，茎和百合的大小高度交替，它们是中世纪流行的百合花装饰的珠宝版。这件新娘王冠首次出现在英格兰国王查理二世的清单中，有12朵花，当时缺了一朵玫瑰花。王冠上装饰了91颗珍珠、63颗红宝石、47颗蓝宝石、33颗钻石和5颗祖母绿。另有7颗珍珠和1颗祖母绿从花中取出。1402年，王冠由伦敦金匠修复，添加上了第12朵玫瑰花，并替换了花中缺失的祖母绿和珍珠，新的玫瑰花环包括12颗珍珠、3颗钻石、3颗红宝石和1颗蓝宝石。1925年，王冠再次修复时，一些原来的珍珠可能已被替换，百合的茎是可以拆卸的，树冠的底部可以弯曲，以便于运输。

哥特式珠宝时期的宝石依然扮演着重要的角色。印度和波斯宝石厂开发的宝石切割技术被威尼斯人引入欧洲，当时只有天然八面体（钻石）和弧面型（彩色宝石）用于珠宝，到了14世纪，点切割和台面切割在珠宝中大放异彩，从当时设计的转变中可以观察到，宝石开始成为珠宝的中心点（图1-26）。15世纪中叶，比利时成为欧洲宝石切割的中心。祖母绿、红宝石、蓝宝石和尖晶石是当时最珍贵的宝石。

图1-25　白公主王冠

图1-26　哥特式手镯，奥地利，约1870年，金、孔雀石、玛瑙、紫水晶、海蓝宝、红宝石

注　尺寸6.9cm。手镯由5个拱形组成，从存储这件首饰的皮箱的凹痕来看，这应该原本是一个带着两个额外叶状元素的王冠，5个拱形组件模仿了哥特式建筑的拱门和柱子，它们用铰链连接在一起。每个组件上都有精致的镂空图案，并用宝石和涡卷形装饰。

第三节　15世纪至16世纪末

14世纪~17世纪，欧洲兴起了文艺复兴的思想运动，15世纪中叶，意大利的艺术风格发生了变化，艺术家们开始从罗马和古希腊的文化中汲取灵感，许多艺术家将毕生精力投入技能和个人风格的发展中。文艺复兴并不是复制艺术，而是创新古典艺术。然而珠宝首饰并没有受到直接影响，一些古代的工艺如花丝这种精致繁复的工艺并没有复苏，反而是神话的主题和古典的风格连接了文艺复兴中珠宝与古代的关系。从意大利开始，这种风格在16世纪逐渐向北传播，慢慢取代了中世纪的哥特式风格。文艺复兴时期的珠宝受到绘画和雕塑的新风

图1-27　英格兰伊丽莎白一世达恩利的肖像（Darnley Portrait）

注　1575年，头上装饰着珍珠串，脖子上也佩戴着类似的长珍珠项链，腰上挂着一个巨大的红宝石吊坠。

图1-28　西班牙浮雕吊坠

注　约1550~1600年。黄金、黄杨木、绿咬鹃羽毛、珐琅、珍珠、岩石晶体。4cm×2.6cm。浮雕后面的彩虹蓝羽毛是绿咬鹃羽毛，这种装饰起源于中美洲玛雅人制作的艺术品。黄杨木浮雕可能是当时殖民墨西哥时的一位当地工匠按照欧洲模型雕刻而成。

格的影响最深，许多伟大的艺术家在金匠工作室开始了他们的职业生涯，这能更好地使他们掌握清晰的风格和准确的线条，画家、雕塑家与金匠之间的联系更为密切，在文艺复兴肖像画中能看到对珠宝首饰的出色描绘。从现存的珠宝艺术品中可以看到当时非凡的工艺，一些金匠成为行业内的技术大师（图1-27）。珠宝由画家设计，金匠铸造和造型，再由另一名金匠雕刻和珐琅，然后由专家镶嵌宝石，这种情况在当时很常见。金匠们可能雇佣自国外，因而珠宝的艺术品也融合了欧洲的各种珠宝风格，所以难以判断一件珠宝归于哪个工坊，甚至很难根据生产区域将文艺复兴时期的珠宝明确地界定类别。

16世纪上半叶，新的绘画和雕塑风格从意大利传播到法国，然后蔓延到德国和英国，珠宝设计的风格也随之改变。当时受艺术风格影响最明显的是珠宝中的微型雕塑（图1-28）。珠宝风格变化和传播最重要的方面是画家开始为珠宝制作雕刻设计，这些设计可以印刷，然后在整个欧洲大量传播。本韦努托·切利尼（Benvenuto Cellini）关于金匠和雕塑的著作使人们对文艺复兴时期金匠们使用的技术有了全面的了解。它涵盖了乌银艺术、花丝作品、珐琅、石材镶嵌、箔纸、钻石切割、铸造、镀金和金匠贸易等许多方面。文艺复兴时期的珠宝中的彩色宝石依然非常受欢迎，尤其是蓝宝石、红宝石和祖母绿颇受欢迎。除了里斯本，巴塞罗那成为重要的彩色宝石贸易中心。

16世纪中叶，西班牙人在哥伦比亚找到祖母绿矿藏并建立了矿山，葡萄牙人占领了斯里兰卡，得到了直接进入岛上刚玉矿床的机会，缅甸的红宝石因其上乘的成色而备受珍视。当时的珍珠主要来自波斯湾，同样非常受欢迎。仿制宝石的生产也得到了蓬勃发展。

文艺复兴时期最重要的珠宝是吊坠，它取代了中世纪的胸针，成为最常见的珠宝（图1-29）。吊坠通常穿在一条项链上，用长长的金链固定在连衣裙或腰带上。这些吊坠通常被设计成双面的，包括珐琅的背面和镶嵌珠宝的正面。从15世纪末开始，出现存放牙签和耳签等物品的功能型吊坠。以珐琅肖像画为特色的吊坠以及描绘人物的多彩浮雕宝石吊坠也非常受欢迎。阿拉伯式图案、水果、树叶、涡卷形装饰、小天使、奇幻野兽等神话主题都非常流行。耳环曾在中世纪消失过一段时间，在文艺复兴时期又重新被人们喜爱，它们通常是简单的梨形珍珠或水滴状耳饰。从17世纪初开始，耳环的长度增加了，而且有几何样式的设计。文艺复兴后期，女士们佩戴的新形式珠宝是羽冠或羽毛类的首饰（Aigrette），这种首饰通常被设计成一种能安装上羽毛或羽冠的发饰，上面会镶嵌宝石予以搭配，它的名字来自白鹭，这种鸟的羽毛经常被制作成头发和帽子上的装饰品。这种时尚在19世纪末达到顶峰，这类首饰的特点还有在宝石套装的部分安装一种弹簧材料，如薄金属线，以便在佩戴它时产生颤抖的效果（图1-30）。

图1-29 吊坠及项链

注 可以分开佩戴。意大利，约1500~1600年，黄金、珐琅、钻石、祖母绿。

图1-30 头饰

注 曼哈顿弗莱德·雷顿（Fred Leighton）商店出售，19世纪，羽毛、钻石、红宝石、珍珠。

第四节 17世纪至18世纪末

17世纪中叶，时尚的变化给珠宝带来了新风格、新样式，服饰的深色面料需要精细制作的黄金首饰，柔和的色调与宝石和珍珠搭配形成新的优雅风格。1725年，巴西发现了新的钻石矿藏，葡萄牙人也取代了印度商人成为最主要的供应商。欧洲钻石的来源大幅增加，宝石的使用成为主流，无论是钻石还是其他有色宝石，镶嵌的金属部分尽量地减少，以展示宝石的最佳效果，这些都深深影响着珠宝的生产与佩戴。最令人印象深刻的珠宝是大的连衣裙或胸部装饰物，它们必须用别针或缝线固定在坚硬的衣服面料上。旋转的叶状装饰经常被用于蝴蝶结图案或植物装饰上。如图1-31所示，这条项链的中央的蝴蝶结是17世纪华丽珠宝的典范。它的材料是黄金、蓝宝石、珍珠和珐琅，这种不透明的珐琅质是当时的一项创新技术，据说是由法国艺术家吉恩·图廷（Jean Toutin）发明的。吉恩·图廷（1578—1644）是第一批制作珐琅肖像微型画的艺术家之一。尽管珐琅已经有数百年的历史，但是图廷开发了一种革命性的珐琅绘画新技术。他发现，将彩色珐琅涂抹在之前烧制的白色珐琅底上，再重新烧制时它们不会混在一起。当时现有的珐琅技术是靠金丝或金属表面的凹槽来分割颜色的，以防它们在烧制的过程中混合在一起。图廷的方法将珐琅像油漆涂抹在画布上一样涂在金属表面，这样既可以更广泛地使用颜色，也可以增加颜色和细节的精确度，使珐琅微型肖像成为可能。这种方法虽然程序复杂，但图廷的作品受到了法国皇室和朝臣的喜爱。很多欧洲大陆其他地区的学生也来学习这项技术，因此很快在整个欧洲传播开来。

得益于15世纪和16世纪宝石切割的辉煌发展，钻石闪耀着前所未有的光芒，成为珠宝设计的主导。为了增强宝石的色泽，通常会使用银色镶嵌。一套华丽的钻石首饰对于宫廷生活至关重要，较大的装饰品一般戴在胸衣上，较小的装饰品可以分散在整套衣服上。18世纪的镶嵌珠宝很少能保留其原始的状态，人们通常会将它们卖掉或者重新镶嵌，让其更符合当时的时尚（图1-32）。

小的佩剑是当时的男性珠宝，从17世纪50年代开始，金匠们精心地制作金银刀柄，上面镶嵌着宝石和精美的珐琅。它们不属于刀剑产品，而是金匠或珠宝商的产品，经常用来奖励杰出的军事或海事服务人员（图1-33）。

图1-31　蝴蝶结项链

图1-32　18世纪玫瑰切割钻石胸针，S.J.菲利普斯（S.J. Phillips）

图1-33　佩剑

注　1798~1799年，英国，剑上写着：由伦敦商人委员会颁发给弗朗西斯·道格拉斯中尉，表彰他在陛下的“击退号”船上的英勇行为。詹姆斯·莫里塞特（James Morisset）制作。詹姆斯·莫里塞特是伦敦最著名的珐琅金饰剑和盒子制造商之一。

第五节 19世纪至20世纪初

19世纪是工业和社会变革的时期，然而珠宝设计关注的却是过去。在最初的几十年间，古典风格非常流行，新的考古发现激发了人们对古物的兴趣，尤其是对古希腊和古罗马文明的热情。金匠们试图复兴古老的技术，制作效仿考古珠宝风格的首饰。例如，卡斯特拉尼（Castellani）和朱利亚诺（Giuliano）等珠宝商的作品是同时有考古和历史风格的，这也证明了当时珠宝风格的折中性。自然主义的珠宝在这一时期的大部分时间里也很流行，它们装饰着具象的花朵和水果。由于植物学成为人们广泛的兴趣以及受到浪漫主义诗人的影响，这些主题在19世纪初开始流行。如图1-34所示，这一束花的背面有一个别针，可以作为胸饰，约制作于1850年，可能是在英国制作的。一些钻石花镶嵌在弹簧上，随着佩戴者的移动会增加钻石花的闪光。有些枝叶部分可以拆下作为头饰。到了19世纪50年代，精致的早期设计被更加奢华和复杂的花卉和树叶造型替代，鲜花被用来表达爱和友谊，自然界的颜色与宝石的颜色相得益彰。

19世纪末兴起的工艺美术运动基于人们对工业化世界的不满，珠宝商们拒绝以机器为主导的工厂体系，他们认为这是产生廉价珠宝的源头。他们认为应专注于手工制作单个珠宝，因为在制作过程中将升华工匠们的灵魂。工艺师们避免使用大颗的或多面的宝石，更倾向于天然的美丽宝石。他们用曲线或有象征性意义的设计取代了重复的、有规律的设计。如图1-35所示，这枚胸针的设计者是C. R. 阿什比（C. R. Ashbee），他是一位才华横溢的艺术家。阿什比最初是一名建筑师，后来以创新的家具、金属制品和珠宝设计而闻名，也是工艺美术运动的代表性人物。他在伦敦东区成立了手工艺协会，旨在恢复传统手工艺的技能，同时也为贫困地区提供就业的机会。孔雀是阿什比最喜欢的图案之一，也是他个人设计的特色主题之一，他在1900年左右设计了十几件孔雀的珠宝。这枚吊坠胸针就是当时他为妻子设计的，由手工艺协会制作。

图1-34 胸饰

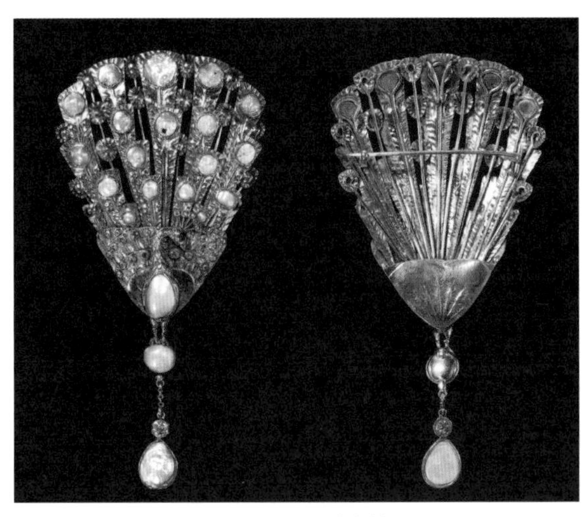

图1-35 吊坠胸针

一、新艺术运动时期

19世纪后半叶，装饰艺术推动了工匠们走出单调乏味的艺术领域，进入全新的世界。1858年，西方与东方重新开启了贸易通道，东方的艺术灵感给予了西方全新的艺术感受。1862年，日本人应邀参加了伦敦国际画展，日本的版画和木刻画诠释了优雅而朴素的美学，对寻找新美学的西方人产生了深远的影响。这种美学被称为日本主义（Japonisme），它是19世纪中叶在欧洲盛行的一种和风热潮，主要存在于英国和法国，约30年左右，是对日式审美的崇拜。珠宝商借鉴了东方自然的设计风格、简洁的造型、强烈的色彩以及混合金属的概念，形成了一种全新的装饰风格。

引发英国工艺美术运动革命的源头是对于劣质的制造以及机器制品的不满，该运动的工匠们主张将艺术融入生活，使艺术成为人们日常生活的一部分。这种“自我表达”的方式促进了行会和合作社的出现，它们提供环境来培育这种新兴的创造力。欧洲和美国为工艺美术运动提供了良好的环境来支持新兴的艺术创作，特别是珠宝和金属制品，这种手工艺品的运动，加上新兴的日本主义风格，混合在一起成为新艺术派。

图1-36　吊坠及胸针

注　雷内·拉利克1900年在巴黎展览会展出的这枚吊坠及胸针，造型是他的第二任妻子爱丽丝·莱德鲁（Alice Ledru）的轮廓，周围环绕着雕刻的玻璃松果，坠着3颗象征着永恒的珍珠。

巴黎的艺术商人塞缪尔·宾（Samuel Bing）重新命名了他的亚洲美术馆“新艺术之家”（Maison de L' art Nouveau），无意中为这种新的美学取了一个名字。1895年，他举办了一场国际展览来庆祝他的画廊重新开放。展览召集了许多即将成为新艺术运动核心力量的艺术家。新艺术展的开幕式展示了各种类型和风格的装饰物，包括蒂芙尼·法夫赖尔（Tiffany Favrile）和艾米里·加利（Emile Galle）的玻璃作品，以及各种装饰艺术中的物品。新艺术运动时期的珠宝在1900年巴黎国际展览上达到了顶峰。艺术家们创造了起伏有致的、有机的作品。如雷内·拉利克（René Lalique）这样的新艺术运动代表人物，他们摒弃了传统的首饰材料，更加强调玻璃、珐琅、骨头和角等材料的微妙效果（图1-36）。一些主题和装饰图案反复出现在新艺术运动时期的珠宝中，例如昆虫，尤其是蜻蜓和蝴蝶，它们的翅膀特别适合用透光脱胎珐琅（Plique-à-jour，也称为空窗珐琅）来制作，能够呈现薄如蝉翼的自然效果（图1-37）。甲虫、蚱蜢、蜘蛛和一些其他的昆虫；孔雀、天鹅和燕子以及象征着

图1-37　胸针

注　菲利普·沃尔夫斯（Philippe Wolfers）是在布鲁塞尔工作的艺术家，与雷内·拉利克一样是新艺术运动时期代表人物。这件胸针的主体是金和珐琅，搭配红宝石和钻石。

黑暗主题的蝙蝠、猫头鹰、秃鹫等都是常见的元素。花草的形态，尤其是藤蔓植物，以及东方文化的图案等元素的应用也是这个时期的特点之一。然而这种风格强烈的外观并不适合所有人或场合，一流的钻石首饰采用的是“花环风格”（Garland Style），这是一种对18世纪和19世纪初设计的重新创造和诠释。

二、艺术装饰风格时期

艺术装饰风格的命名来自1925年在巴黎举行的第一届“艺术装饰与现代工业博览会”，然而艺术装饰风格并不是起源于这里，它是20世纪20年代早期在欧洲流行的一种艺术风格，这种风格的灵感源自东方、非洲和南美洲的艺术，以及当时流行的立体主义和野兽派。“立体主义”经常被用来形容这个时期的珠宝，因为它的几何线条和象征性的表现手法在艺术装饰风格的珠宝中得到了充分的诠释。它们消除了新艺术运动风格中首饰的流畅线条，将设计提炼成基本的几何图形，从而去掉不必要的装饰，这使装饰艺术风格的首饰线条更加简洁和硬朗，对现代主义和机器时代的展望也在这一时期凸显出来（图1-38）。一些珠宝的创作有着近东和远东的异国情调，这也说明珠宝的时尚是具有国际性的。纽约和巴黎一样都成为时尚的中心，欧洲的珠宝店可以向印度出售珠宝，也可以从那里购买珠宝。一些来自其他艺术领域的艺术家和设计师开始涉足珠宝设计，这也预示着珠宝行业出现了新的发展方向。

与此同时，古埃及国王墓的考古新发现，尤其是图坦卡蒙墓的发掘，影响着这一时期珠宝的设计主题，莲花、金字塔、荷鲁斯之眼、圣甲虫等古代法老时期的物件都受到了设计师的青睐，手镯上经常展现埃及的生活场景，青金石、黄金、绿松石和玉髓等埃及首饰常用的材料也在这一时期的珠宝首饰中重新展现（图1-39）。一些著名的珠宝商将这种风格的首饰推广到世界各地。20世纪初，印度珠宝的风格和色彩都给珠宝商带来了灵感，如雕刻宝石在印度是非常流行的一种珠宝类型，被用于展现花卉、树叶、水果等，设计的主题也来自伊斯兰艺术的造型和颜色。波斯图案包括花、植物和用祖母绿、蓝宝石或玉石和天青石制成的华丽的藤蔓花纹（图1-40）。中国龙和建筑的图案，以及东方珊瑚、珍珠和玉石也广泛应用于装饰艺术设计。珠宝设计的两大流派在这一时期十分明显。艺术家强调设计应胜于内在价值，他们将宝石雕刻成各种几何作品，使用钻石和其他多面的宝石作为副石，而不是主要焦点。这些作品往往是一些非从事珠宝行业的艺术家创作的，建筑师、雕塑家、画家等分享他们的思想和设计，利用自己专业的学科知识来创作新风格的珠宝作品。

图1-38 手镯，卡地亚，钻石、天然珍珠、祖母绿和缟玛瑙，约1925年

图1-39 耳环及吊坠，18K金，手工雕刻玉髓，珐琅、钻石、珍珠，约1925年

图1-40 卡地亚，红宝石、祖母绿、蓝宝石、钻石和白金，长4.4cm，1929年

第六节 20世纪至今

自20世纪以来，艺术和珠宝之间的界限变得越来越模糊，梅雷特·奥本海姆（Meret Oppenheim）、萨尔瓦多·达利（Salvador Dalí）、马克斯·恩斯特（Max Ernst）和曼·雷（Man Ray）等现代主义艺术家开始探索微型金属制品的可能性，这些实践性的尝试产生了具有独特艺术意义的珠宝首饰。20世纪20年代，在巴黎诞生了名为超现实主义的现代艺术运动，从最初的文学作品很快转移到艺术上。超现实主义强调的是梦境的重现，以及无意识的发现，一些艺术家将这些特征运用在首饰中从而表达自我的思想。例如，艺术家亚历山大·考尔德（Alexander Calder）用金属"素描"的方式来创作生动的雕塑作品，他将标志性的移动雕塑转换成首饰，使它们可以每天佩戴（图1-41）。

超现实主义的艺术家们不仅在造型和工艺技术上进行了突破，还在实践的首饰中加入了非传统的材料，如艺术家梅雷特·奥本海姆（Meret Oppenheim）的毛皮手镯、骨头项链和糖立方戒指都是她从家中常见的物品中得到的灵感，并进行了变革性的创作（图1-42、图1-43）。嘴唇的元素也是超现实主义首饰作品中反复出现的主题，曼·雷（Man Ray）和萨尔瓦多·达利（Salvador Dalí）都创作了与之相关的首饰。曼·雷的"情人"（*Les Amoureux*）是一件多功能的首饰作品，可以作为项链或胸针佩戴，创作于1970年，灵感来自他1934~1938年的画作"天文台时间——情人"（*A l'Heure de l'Observatoire—Les Amoureux*）（图1-44、图1-45）。

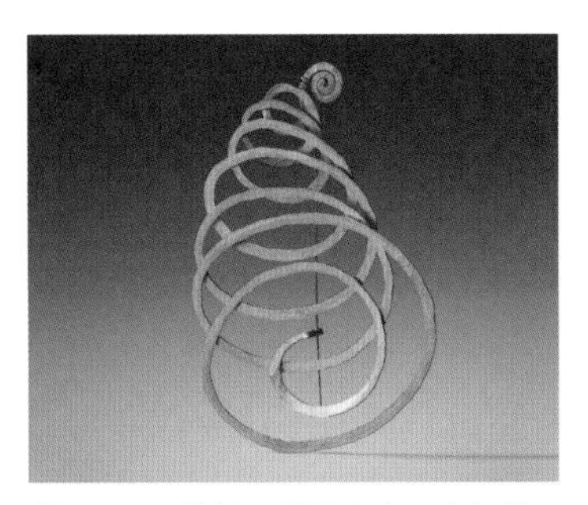

图1-41 胸针，亚历山大·考尔德，黄铜、钢丝，1940年，路易莎·吉尼斯画廊（Louisa Guinness Gallery）

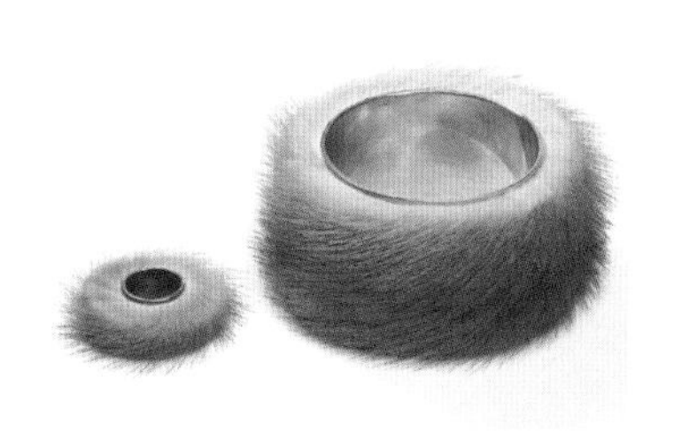

图1-42 毛皮手镯及戒指，梅雷特·奥本海姆，黄金、毛皮

图1-43 糖立方戒指，梅雷特·奥本海姆，银镀金、糖块、合成刚玉，糖块可替换

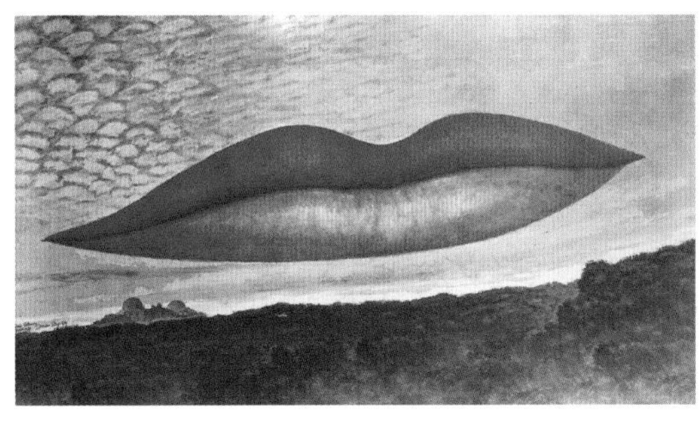

图1-44 “天文台时间——情人”画作，曼·雷

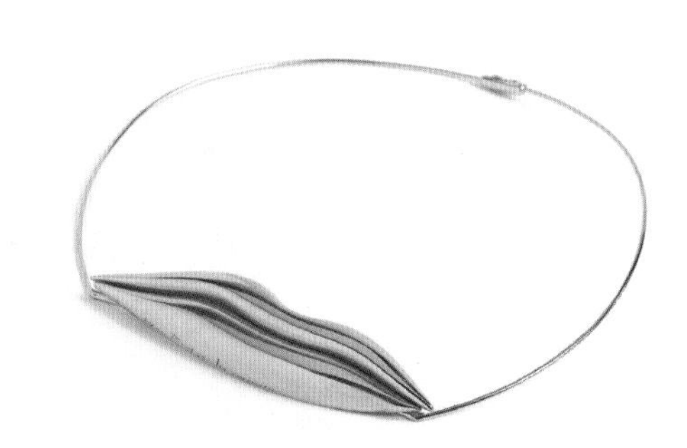

图1-45 “情人”多功能项链，曼·雷，黄金，1970年

萨尔瓦多·达利（Salvador Dalí）是超现实主义的代表性人物之一，他尝试创作了多件实践性的首饰。1941年他与珠宝商佛杜拉（Verdura）合作，之后又与阿根廷珠宝商卡洛斯·阿莱曼尼（Carlos Alemany）合作，在1941~1970年共创作了40件首饰，这些首饰多使用彩色宝石制作，造型来自他的画作，他的作品可以说是介于传统首饰与超现实主义艺术之间（图1-46、图1-47）。

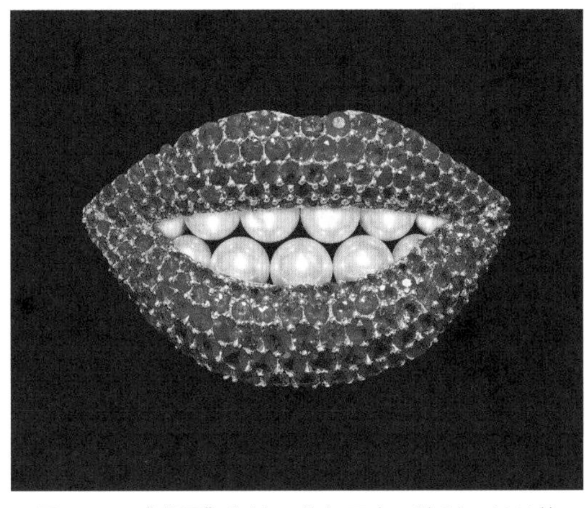

图1-46 “嘴唇”胸针，萨尔瓦多·达利，18K黄金、红宝石、养殖珍珠，西班牙艺术家亨利·卡斯顿（Henry Kaston）制作，约20世纪60年代

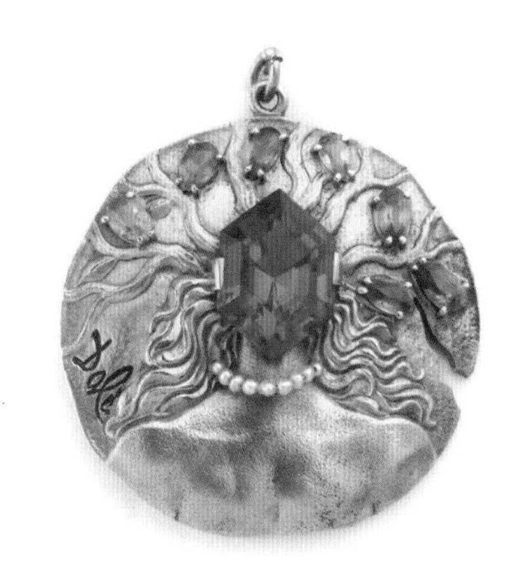

图1-47 “奥菲莉亚”吊坠，萨尔瓦多·达利，黄金、宝石、珍珠，约1953年，图片来源：萨尔瓦多·达利博物馆

当人们提到“当代首饰”这一概念时，普遍认为它自20世纪60年代开始，珠宝首饰的界限不断被重新界定，传统首饰受到了来自独立珠宝商和艺术家们的挑战，他们通常在艺术学院接受教育，并沉浸在这种变革的设计思想中。新的技术和非贵重材料的应用，如非贵金属、塑料、纸张和纺织品等，颠覆了传统珠宝首饰的观念。前卫的艺术家或珠宝商开始探索珠宝与身体的联系，将尺度和佩戴性的界限推向了极限。珠宝已成为可穿戴的艺术，它们与艺术的关系到现在仍处于不断的探索中。总结来说，当代首饰是无界限的，它们在概念、造型、功用、材料及工艺的运用上都是自由的，这也是本书编写的初衷，希望通过对材料的讲解，能为首饰创作者们提供更多的设计思路（图1-48~图1-50）。

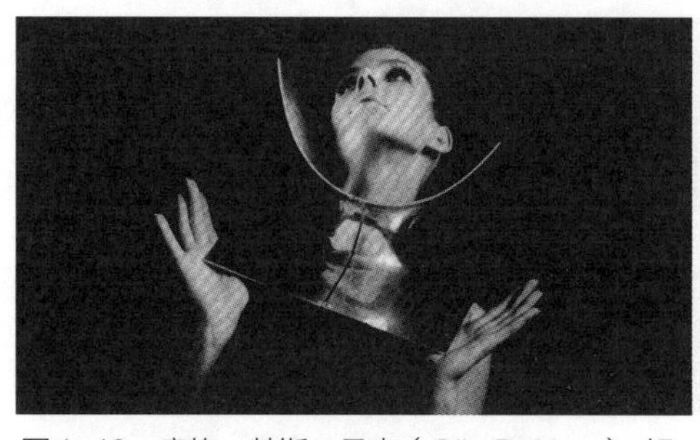

图1-48　肩饰，赫斯·贝克（Gijs Bakker），铝，1967年，左图来源：马蒂亚斯·施罗弗（Matthijs Schrofer）

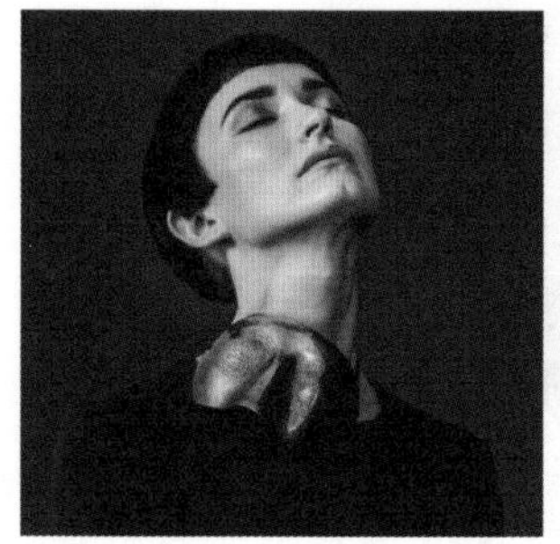
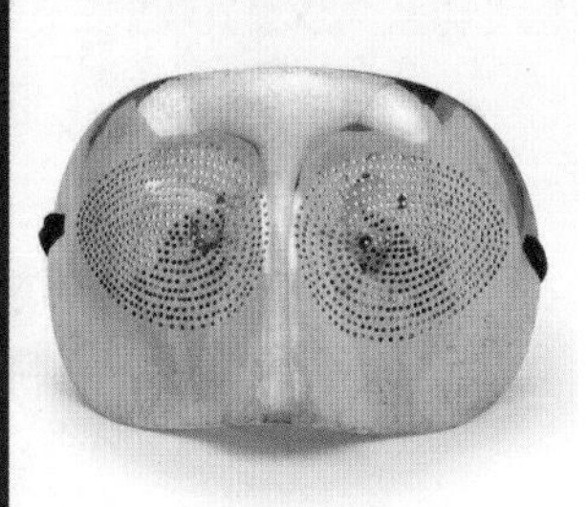

图1-49　光学主题面具，曼·雷，纯银镀金，1974年构思，1978年制作

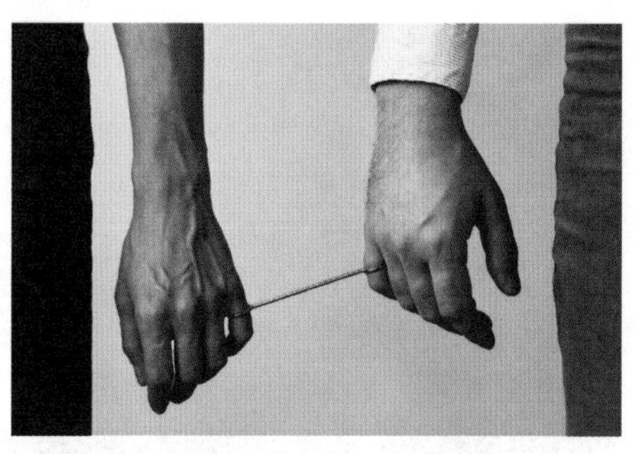

图1-50　双人戒指，奥托·库恩利（Otto Kunzli），不锈钢，1980年

思考题

1. 在公元前5000多年以前拉夫文化为主的遗址中，发现的哪种宝石是饰品？
2. 目前可寻的最早使用金属细工和金属珠粒的工艺是在什么时间？具体的案例是什么？
3. 日耳曼风格的珠宝首饰采用的材料有哪些？
4. 在拜占庭时期，哪类材料占主导地位，超越了黄金？
5. 法国艺术家吉恩·图廷发明了哪种珐琅技术？
6. 艺术装饰风格时期以埃及为主题的首饰作品中常用的材料有哪些？
7. 当代首饰的特点是什么？对于材料应如何运用？

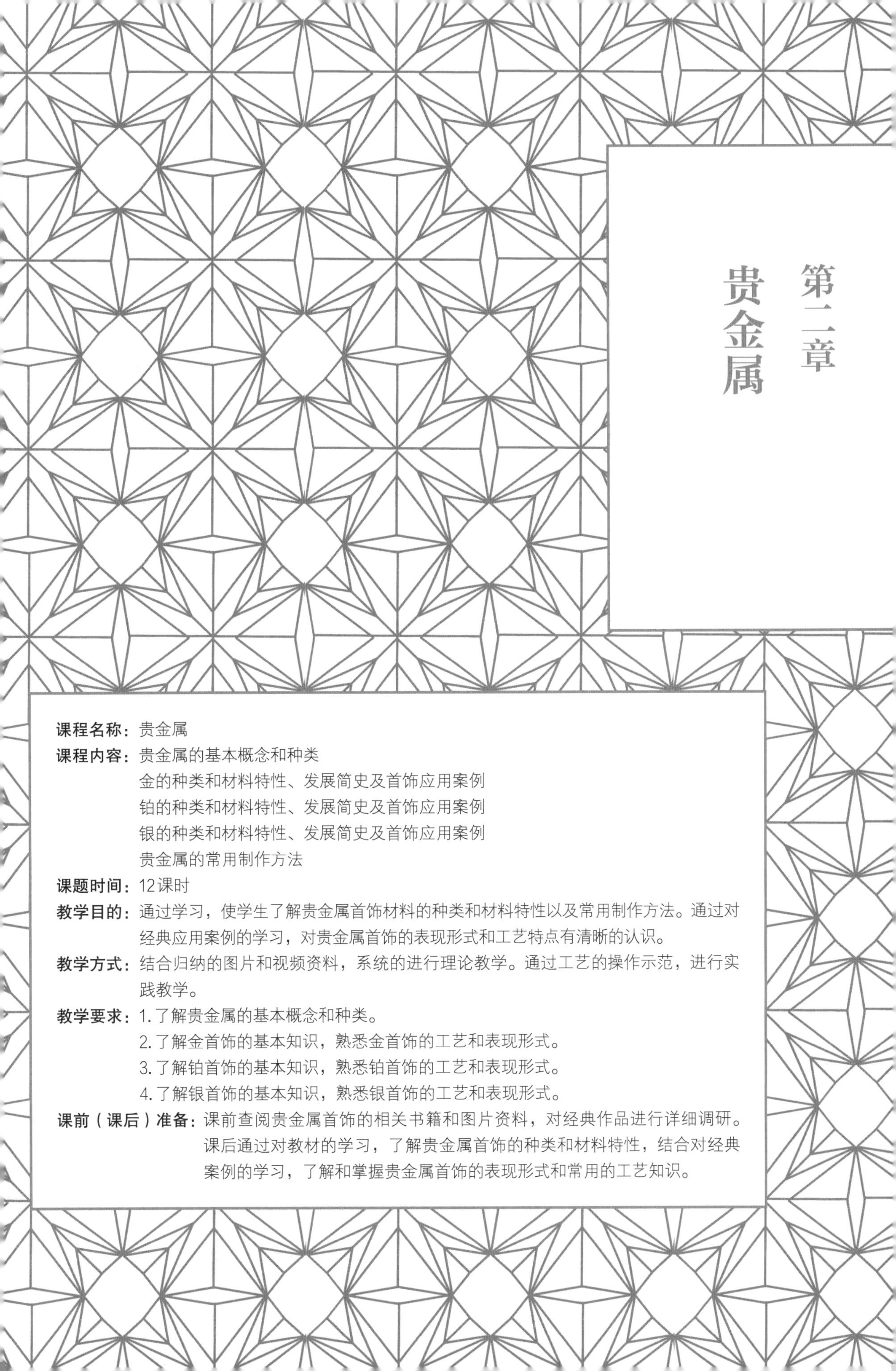

第二章 贵金属

课程名称： 贵金属

课程内容： 贵金属的基本概念和种类

金的种类和材料特性、发展简史及首饰应用案例

铂的种类和材料特性、发展简史及首饰应用案例

银的种类和材料特性、发展简史及首饰应用案例

贵金属的常用制作方法

课题时间： 12课时

教学目的： 通过学习，使学生了解贵金属首饰材料的种类和材料特性以及常用制作方法。通过对经典应用案例的学习，对贵金属首饰的表现形式和工艺特点有清晰的认识。

教学方式： 结合归纳的图片和视频资料，系统的进行理论教学。通过工艺的操作示范，进行实践教学。

教学要求： 1. 了解贵金属的基本概念和种类。

2. 了解金首饰的基本知识，熟悉金首饰的工艺和表现形式。

3. 了解铂首饰的基本知识，熟悉铂首饰的工艺和表现形式。

4. 了解银首饰的基本知识，熟悉银首饰的工艺和表现形式。

课前（课后）准备： 课前查阅贵金属首饰的相关书籍和图片资料，对经典作品进行详细调研。课后通过对教材的学习，了解贵金属首饰的种类和材料特性，结合对经典案例的学习，了解和掌握贵金属首饰的表现形式和常用的工艺知识。

贵金属主要包括金、银和铂族金属，它们有着较强的化学稳定性和美丽的色泽，易加工且具有一定的收藏价值。自古以来，贵金属都是珠宝首饰的主要材料之一，尤其是金和银，无论在传统首饰还是当代首饰创作中一直占据主要地位。

第一节 金

金是一种贵金属，是传统首饰制作中是最常见的材料之一，它具有保值的特性，也被用作货币。金是人类最早发现的金属之一，具有金色光泽、高密度、抗腐蚀等特性，也是延展性最好的金属之一，其延展性仅次于铂。金的元素符号是Au，熔点为1063.69~1069.74℃，密度是19.32g/cm^3。罗马学者普林尼（23—79年）在关于贵金属的书中记载，自古罗马时代以来的几千年来，黄金一直是非常珍贵的材料。有史以来发现最古老的黄金金器是在现今的保加利亚，出自古代色雷斯文化（公元前4400年）的埋葬地，大约在公元前4000年，黄金被用来制作珠宝首饰。

一、黄金

纯黄金是极具延展性和柔软性的金属，它不会褪色，但是硬度不足以作为工具或武器，几个世纪以来，它主要用于珠宝和装饰。纯形态的黄金密度极高，与白银相比，其重量非常大，所以制作首饰的黄金通常与银和铜混合，既可以增加体积，也可以使其更加坚硬，不易磨损或变形，更适合人们日常佩戴。黄金的提炼直到公元前1500年左右才开始，古埃及人制作了第一批人造的黄金合金。公元前600年左右，现在土耳其西部的安纳托利亚的吕底亚人用金银合金制作了第一枚硬币（图2-1）。

图2-1 重量8.08g的吕底亚金币（Lydian Coin），铸造于公元前553~前539年的萨狄斯

古代黄金加工技术有锤揲、焊接、造粒、穿孔、制丝和铸造等。因其优秀的延展性，也会被打成薄片或金箔，1g黄金可以锤成1m^{2}的金片。黄金美丽的色泽、可塑性强和易加工的特性，使它成为首饰经久不衰的主要材料，在当代首饰中，这种古老的材料和新工艺的结合，为首饰带来了更多的创意空间。例如，金匠金姆・巴克（Kim Buck）和尼娜・库蒂巴什维利（Nina Koutibashvili）的首饰充分体现了黄金的高延展性。金姆・巴克的首饰采用了计算机辅助设计和计算机辅助

制造（CAD / CAM）软件与金属工艺结合的方式，将黄金制作成如充气的塑料薄膜效果（图2-2）。尼娜·库蒂巴什维利创作的弹簧造型首饰也得益于黄金的高延展性和可塑性（图2-3）。

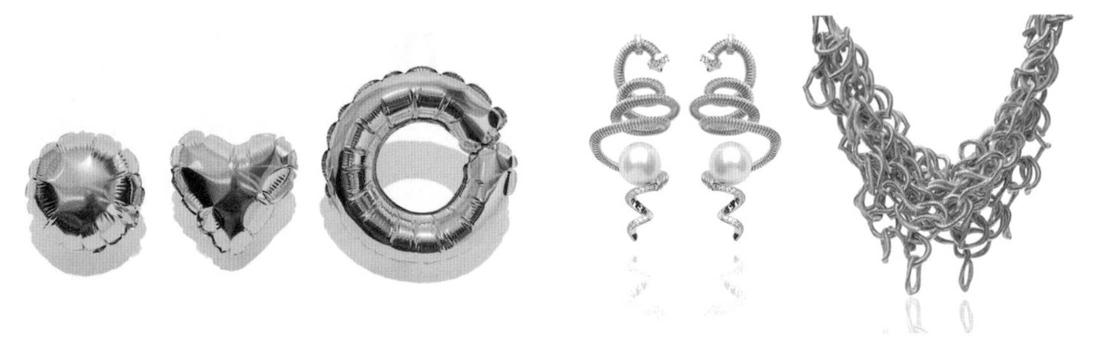

图2-2 胸针及手镯，金姆·巴克，黄金

图2-3 “光滑”耳环及项链，尼娜·库蒂巴什维利，黄金，钻石、珍珠

二、K金

K金（Karat Gold）代表黄金合金的纯度，K是英文Karat的缩写，Karat是含金单位，24K等于纯金。它的标准是根据拜占庭货币索利多金币（Solidus）而制定的。K是指重量的百分比而不是体积，例如，18K金中纯金占比为75%，所以18K金也可以用数字750来指代。常见的还有14K、10K和9K等（图2-4~图2-8），含金量越高的K金质地越软（表2-1）。

图2-4 “鳄鱼”戒指，金匠公司（The Goldsmiths' Company）收藏，18K金、钻石，1965年

图2-5 “我感觉到了什么”戒指，卡尔·弗里茨（Karl Fritsch），9K白金，2017年

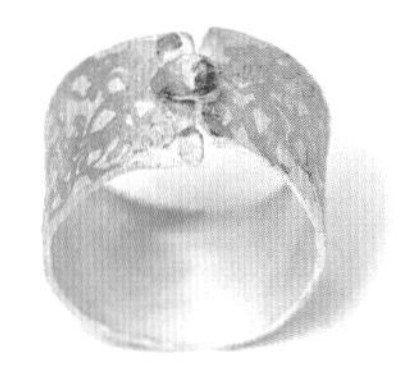

图2-6 戒指，英格丽德·施密特（Ingrid Schmidt），24K金和925银，韩国Keum-boo工艺制作

表2-1 常见K金种类

含金量占比（%）	K金名称	数字名称
99	24K	999
75	18K	750
58.5	14K	585
41.7	10K	417
37.5	9K	375

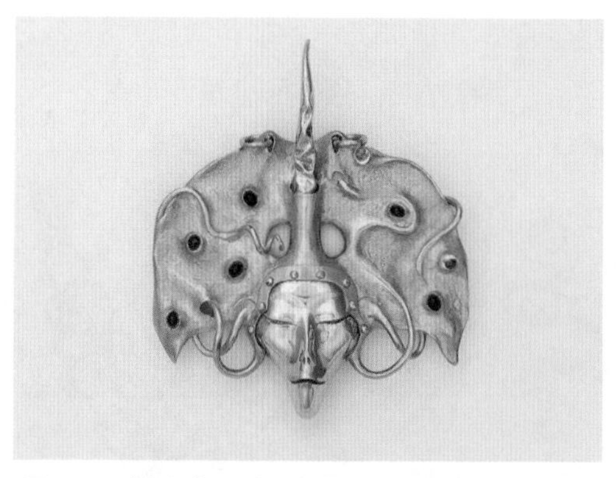

图2-7 “永恒”吊坠，达希 · 纳姆达科夫（Dashi Namdakov），18K黄金及白金、粉色尖晶石、蓝宝石、绿柱石、石榴石和黄水晶，2004年

图2-8 “布拉姆斯的刺猬”，凯文 · 科茨（Kevin Coates），20K金、银、珊瑚和鲍鱼壳，图片来源：克拉丽莎 · 布鲁斯（Clarissa Bruce）

三、有色合金

有色合金常见种类见表2-2。

表2-2 有色合金常见种类

种类	注释	图例
白金（White Gold）	白金是由金和银、铜、锌或镍制成的合金。由于镍的过敏性，现在被铂金家族中的其他元素替代 1912年白金在德国的普福尔茨海姆问世，20世纪中期白金作为铂金的低成本替代品而流行起来	白金镶钻袖口。建筑师扎哈·哈迪德(Zaha Hadid)与黎巴嫩珠宝商AW穆赞纳尔（AW Mouzannar）合作作品
玫瑰金（Rose Gold）	玫瑰金是一种呈红色的黄金合金。这种颜色来自合金中的大量铜。18K玫瑰金中通常含有25%的铜和75%的黄金	玫瑰金手镯，内哈 · 达尼（Neha Dani）
绿色金（Green Gold）	绿色金是一种含有银的合金，通常是75%的金和25%的纯银。绿色金也可以用更少比例的纯银，但它通常包括锌、铜以及银	手镯，绿色金、玫瑰金、黄水晶
三色金（Tricolor Gold）	三色金是珠宝制作中使用的三种颜色的黄金，通常是黄金、白金、玫瑰金或者绿色金	14K三色金女式婚戒　三色金戒指

第二节 铂

铂族金属包括钌、铑、钯、锇、铱、铂几种金属，其中铂最常用于首饰，铑、钯也有使用，本节主要介绍的是铂。

铂是一种带有光泽的天然白色贵金属，化学符号是Pt，熔点在1772℃，密度为21.45g/cm³。它的密度高，可延展性是所有纯金属中最高的，优于金、银和铜。它的抗腐蚀性也是极强的，很难被氧化。这些优越的特性使它被广泛地应用于工业生产，也非常适合制作首饰。早在古埃及时期，黄金首饰中就出现了铂族金属的踪迹，实质性的实例是公元前7世纪在底比斯发现的铜合金盒子上的象形文字，盒子上有古埃及二十五王朝的公主谢佩努佩二世（Shepenupet Ⅱ）的名字（公元前700~前650年左右），表明了确切的时间，盒子背面的象形文字是由铂金和金合金组成的。在此之后的大约500年，哥伦比亚和厄瓜多尔边境的拉托利塔（La Tolita）文化中出现了不少铂金文物，如面具、耳环、鼻环或含有铂金的部件（图2-9、图2-10）。

图2-9 铂金和黄金饰物

图2-10 铂金和黄金面具

17世纪末，西班牙人发现了现今哥伦比亚的铂金矿床。1735年，西班牙人将这种金属命名为“Platina”，当时他们不认为这是一种有价值的金属，因为无法用现有的技术去熔化加工它。1750年，英国的医生和科学家威廉·布朗·里（William Brownrigg）将铂金介绍给皇家学会成员，最终它被认定为“第八种金属”（前七种金属为金、银、铜、铁、锡、铅和汞）。铂金在首饰上的广泛应用是在19世纪末，由于铂金的熔点极高，珠宝商的工作坊无法将其熔化，所以出现了铂金贴花的作品，将薄的铂金箔熔化在黄金上，1890年左右能够看到完全覆盖着铂金的黄金饰物。直到1895年液态氧被允许在商业生产中使用才解决了铂金加工的难题。氧气和燃料混合后再从喷嘴中释放，燃烧的温度要比以往高很多，这种方法能够在珠宝商的工作坊中完成铂金的熔化和铸造，并且能够加工铂金本身，而不再是熔化在黄金上使用。此后，铂金迅速成为最受欢迎的首饰材料之一。

纯铂是相当柔软的，需要与其他金属制成合金来提高硬度（图2-11、图2-12）。通常首饰使用的是含有85%~95%铂金的合金，添加的常用金属是钯、铱、钌、钴或铜。80%的铂和

20%的铱形成的合金非常适合做细线，95%的铂和5%的钴在熔融时会产生高黏度的合金，适合铸造物体时使用。表2-3列出的是常用的铂合金及其特性。

图2-11　英国女王铂金纪念胸针（Platinum Jubilee Brooch），大卫·马歇尔（David Marshall），18K白金、铂金、钻石，2022年

图2-12　项链，汤姆·鲁克（Tom Rucker），铂金、黄金，293颗白钻、黄色明亮切割钻石

表2-3　常用的铂合金及其特性

合金	铂金比例	添加金属比例	适用范围
钯（Pt-Palladium）	95%~85%	5%~15%	Pt900-Pd适合铸造、焊接，在中国和日本市场受到青睐 Pt850-Pd延展性更高
钴（Pt-Cobalt）	95%	5%	适用于铸造，产品更加坚硬耐用，更受欧洲市场欢迎
铱（Pt-Iridium）	95%~90%	5%~10%	Pt900-Lr适合铸造、焊接、加工和冲压，具有韧性和可塑性，美国市场使用最广泛
铜（Pt-Copper）	97%~95%	3%~5%	易加工或手工加工，不适合铸造
钌（Pt-Ruthenium）	95%	5%	具有良好的加工性能，适合大批量制造。在美国广泛用于结婚戒指，在瑞士受到手表制造商的青睐

第三节 银

银是一种白色的金属，化学符号是Ag，熔点在961.93℃，密度为10.49g/cm³。银具有良好的导电性、抗氧化性和延展性，其延展性仅次于金和铂，质地比金硬、比铜软。银是贵金属之一，在首饰的历史中也扮演着重要的角色。通常银会与其他金属混合制成合金，以增加其坚硬度，这样能更好地制作所需的造型以及细节。纵观历史，银的价值有时甚至高于黄金。银的历史最早可以追溯到公元前4000年左右，当时的土耳其人发现在铅中可以提炼银，虽然只有少量银的物件留存下来，但是可以看出青铜时代工匠们的智慧和才华。最早在美索不达米亚，银被用作货币，但是它的使用有别于硬币，单纯以重量或者戒指的形式计算。到了公元前1600年左右，银的价值下降到只有黄金的一半，这说明当时银的产量已经大幅增加。银也被当作具有固定价值的货币。

一、银合金

纯银的质地较软，在制作首饰或工艺品时会有很多局限，而银合金的出现可以弥补这些缺陷。银合金通常比纯银更加坚硬、耐用、多色，但延展性不如纯银。银合金是两种或两种以上的金属元素混合形成的一种合金，有时金属元素也与碳等非金属元素混合形成合金。根据银在合金中所占有的比例，大致分为纯银（999 Silver）、不列颠银（Britannia Silver）、标准纯银/925银（Sterling Silver）、银币合金（Coin Silver）、.800银（.800 Silver）等（表2-4）。在首饰中最常用的银合金是925银，925银含有7.5%的其他金属，通常是铜，它在具有纯银优良特性的同时，增加了银的硬度，使其更容易加工和耐划，并且在光泽和亮度等方面都有所改善。925银在1851年被美国蒂芙尼珠宝公司（Tiffany & Co.）推出后迅速成为银饰的主要材料，并被认定为国际标准银。

表2-4 常用的银合金列表

名称	含量	用途
纯银	银含量99.9%	首饰或金属工艺品
不列颠银	银含量95.84%、铜含量4.16%	银币
标准银/925银	银含量92.5%，其他金属含量（通常是铜）7.5%	首饰或金属工艺品
银币合金	银含量90%	银币
.800银	银含量80%，其他金属含量20%	国际银币

首饰创作中最常使用的是标准纯银（925银）和纯银。银的常用制作方法有铸造、镶嵌、锻造、编织和电镀（镀色）等。一些特殊的金属工艺也经常使用银作为基础材料，如珐琅、

花丝、錾刻和颗粒装饰等工艺（图2-13~图2-19）。

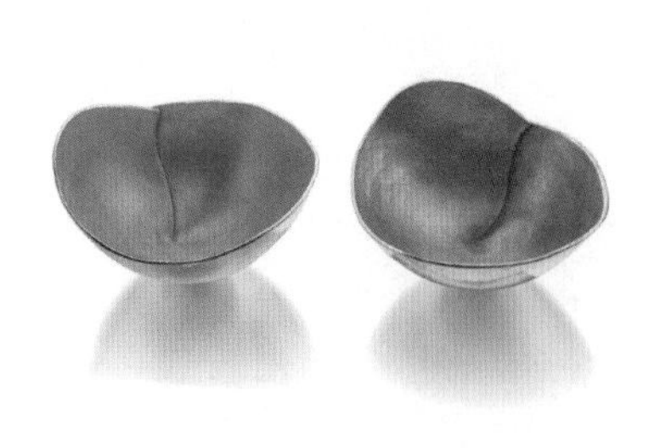

图2-13 “越过海洋”对碗，伊丽莎白·皮尔斯（Elizabeth Peers），不列颠银、珐琅

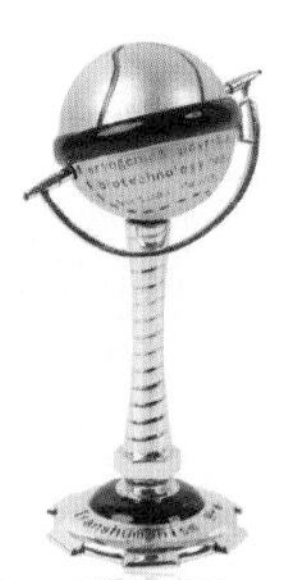

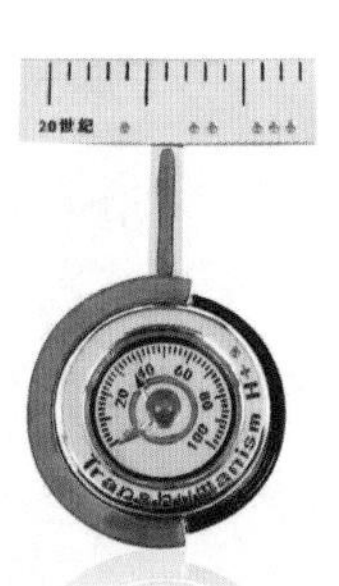

图2-14 “启示录”吊坠、戒指及胸针，王子妍，925银、银镀白金、绿玛瑙、冷珐琅、锆石

图2-15 手镯，帕特里克·戴维森（Patrick Davison），纯银、18K黄金，图片来源：金匠公司（The Goldsmiths Company），摄影：理查德·瓦伦西亚（Richard Valencia）

图2-16 “按玩”胸针，孙添钰，925银、蚕茧、金箔、可塑土

图2-17 “流形”戒指及项链，叶梓颖，925银、珐琅

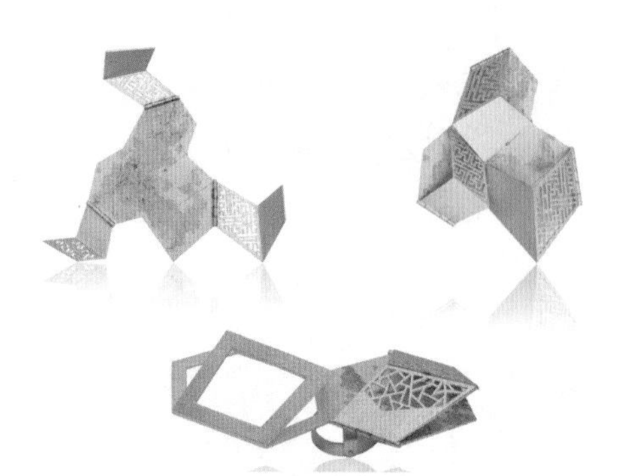

图2-18 “暗室生财”可折叠胸针、戒指，许诺，925银、金箔

图2-19 “轨·变”，张天明，999银、锆石、金箔、大漆、钢针

二、氧化银

氧化银也是银首饰的处理方法之一，纯银可以通过加热和在表面形成氧化铜来氧化。纯银和925银也可以通过硫黄或其他化学过程氧化（图2-20~图2-23）。

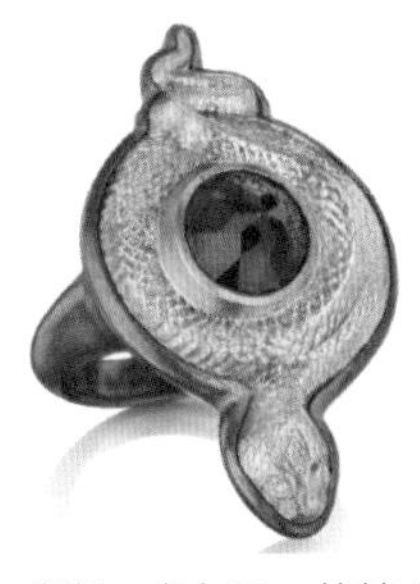

图2-20　戒指，安东尼·伦特（Anthony Lent），氧化银、18K黄金、石榴石

图2-21　胸针，扬·帕克（Young Park），氧化银、黄金、钻石

图2-22　戒指，郭羽欣，氧化银、树脂、金箔

图2-23　戒指，卡尔·弗里茨（Karl Fritsch），氧化银、锆石

第四节　贵金属的常用制作方法

贵金属的基本加工方法有退火、锯、切割、钻孔、焊接、铆接等。这些是珠宝专业学生在一、二年级时必须掌握的最基础的贵金属加工工艺。除此之外，还有一些相对高阶的常用工艺技法，包括失蜡铸造、镶嵌、镀金、锻造、金属编织、金属象嵌和珐琅等。本节主要介绍的是一些相对高阶的技法。

一、失蜡铸造

铸造工艺是首饰制作中最常用的工艺之一，其中失蜡铸造是最方便和最常用的方法。这种方法不但能有效地塑型，而且可以根据需要将压制的橡胶模重复使用。失蜡铸造的工艺流程是：起版—压制橡胶膜—开模具—注蜡—修整蜡模—种蜡树—灌石膏筒—石膏真空—石膏凝固和烘焙—熔金（银、铜）—浇铸—石膏处理（炸洗、冲洗、酸洗和清洗）—取毛坯—执模—锉水口—整型—打磨—抛光。

失蜡铸造中的起版部分是尤为重要的，可以银起版、计算机起版或手工雕蜡起版。银起版是指用锯、焊接、锉等工艺手工完成银料的版型制作。

计算机起版可以通过计算机辅助设计技术建模完成起版。

手工雕蜡起版相对复杂，但更适合做曲线或曲面比较复杂的造型，一些细节和转折部分也会更自然。它的步骤是首先根据设计图稿测量和切割蜡块，然后将图案转印到蜡块上，用粗锉刀或锉蜡刀将外部轮廓雕出，再用雕蜡刀修整图案的细节，可以用细砂纸将蜡块表面打磨光滑。完成上述步骤后还有一项重要的步骤是掏底，蜡块的重量会直接影响铸造出来的银的重量，所以这一步需要耐心细致地完成，根据需要尽可能将蜡块掏薄，比较理想的效果是蜡版可以透光。银和蜡之间的重量可以计算，蜡的重量乘以11g或10g即是银的重量。雕蜡的工具有很多种，常用的有锉刀、雕蜡刀、刀片、雕刻打磨机、焊蜡笔、砂纸等，也可以根据造型或纹理自制工具。雕蜡的材料可以选择蜡砖、蜡片、蜡管（戒指用）和蜡线条。

图2-24 “四方八合”项链，袁梦齐，925银镀白金、锆石

（一）铸造工艺示例1

作品“四方八合”及其制作过程如图2-24、图2-25所示。

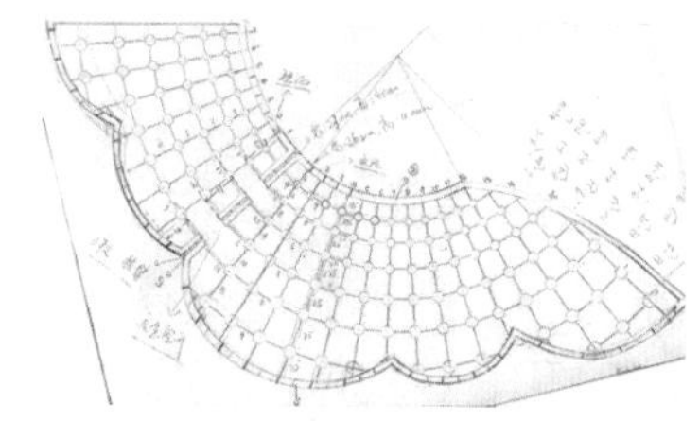

（a）计算各部件的尺寸，确认整体结构

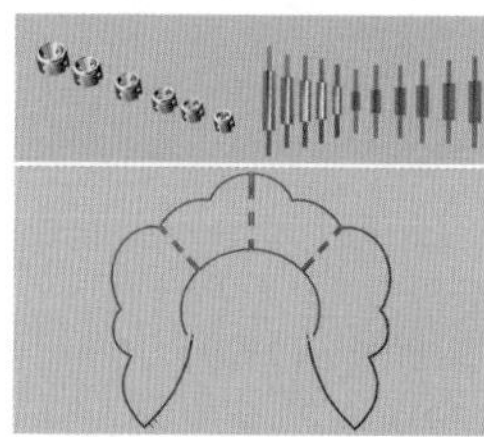

（b）Jewel CAD软件建模

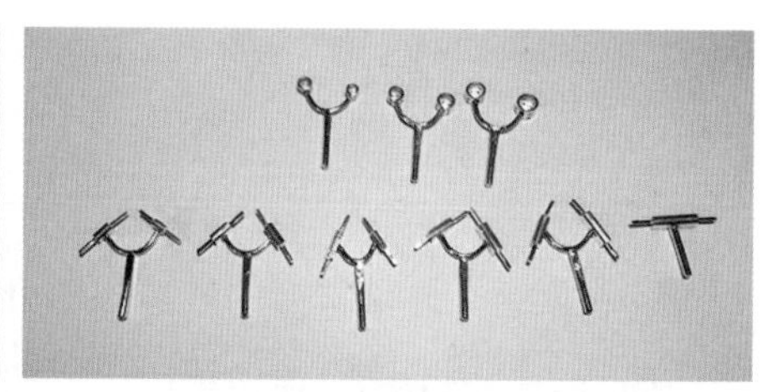

（c）手工焊接水口做压胶膜使用的成品

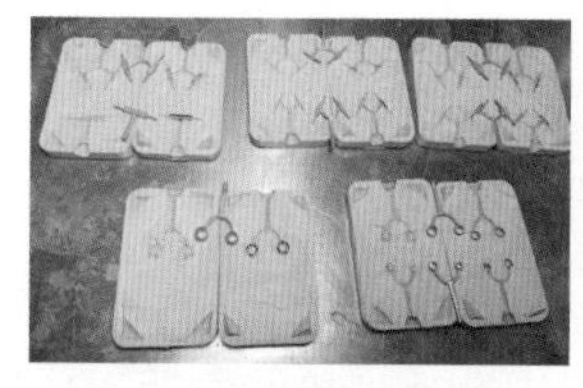

（d）压制胶模

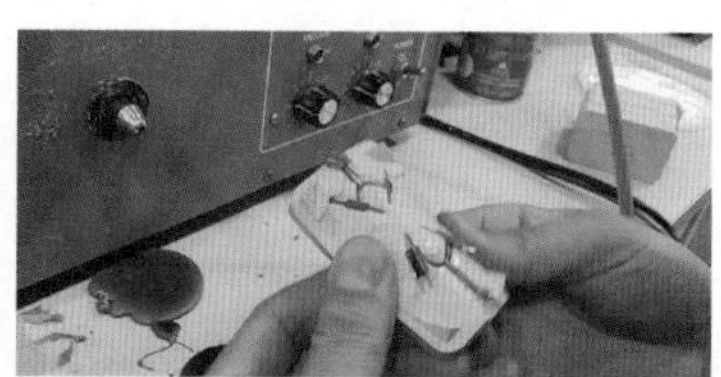

（e）用胶模进行铸蜡

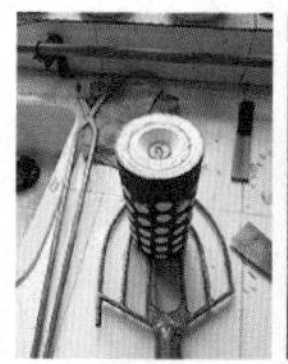

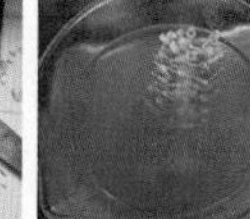

（f）将铸好的蜡浇铸成金属

（g）将浇铸完成的零部件按大小分类

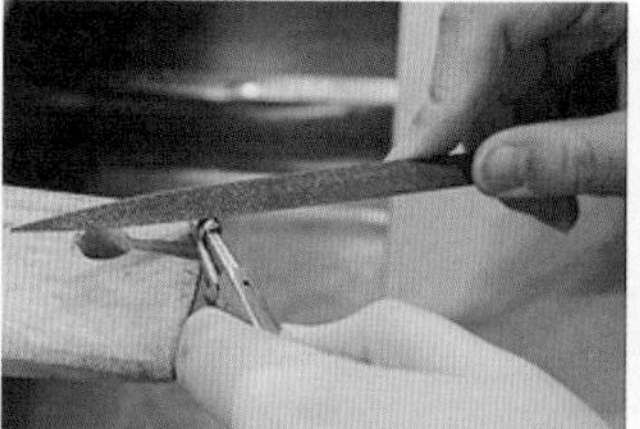

（h）用锉刀锉掉水口，再用砂纸进行打磨

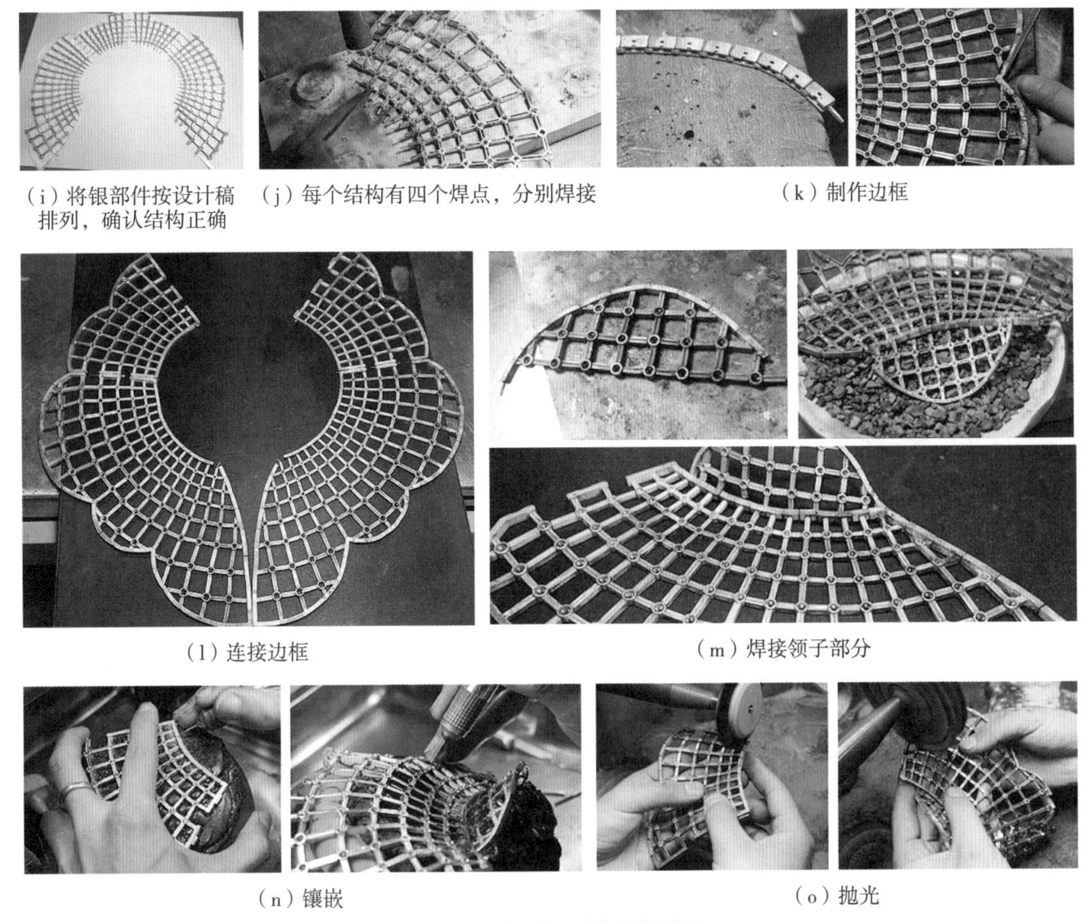

（i）将银部件按设计稿排列，确认结构正确　（j）每个结构有四个焊点，分别焊接　（k）制作边框

（l）连接边框　（m）焊接领子部分

（n）镶嵌　（o）抛光

图2-25 “四方八合”制作过程

（二）铸造示范例2

作品“渴求生命的延续”及其制作过程如图2-26、图2-27所示。

图2-26 “渴求生命的延续”，张靖雯，925银镀18K金、氧化银、蝴蝶翅膀

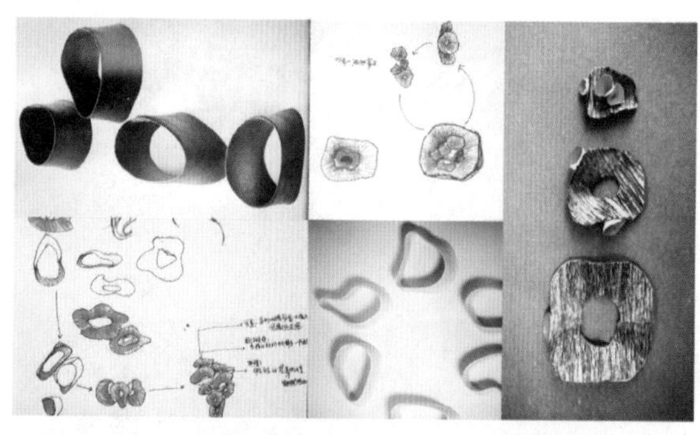

（a）设计草稿及实践小样

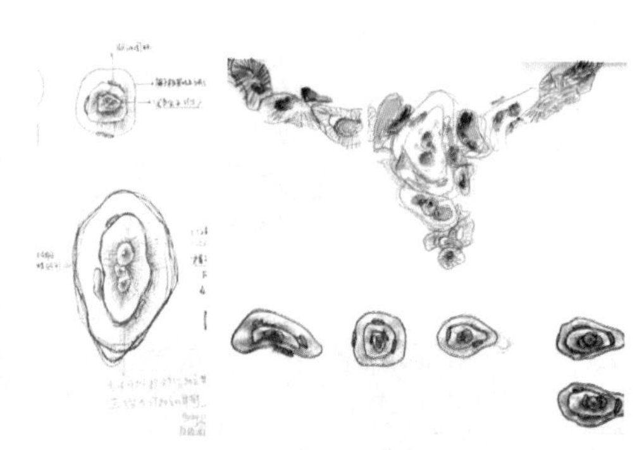

（b）设计定稿

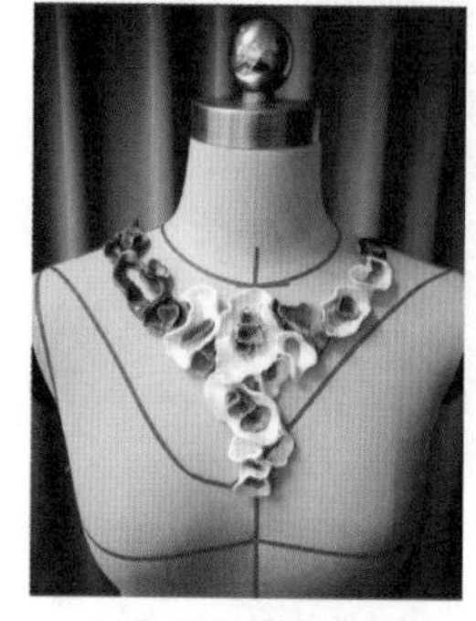

（c）软陶模型制作

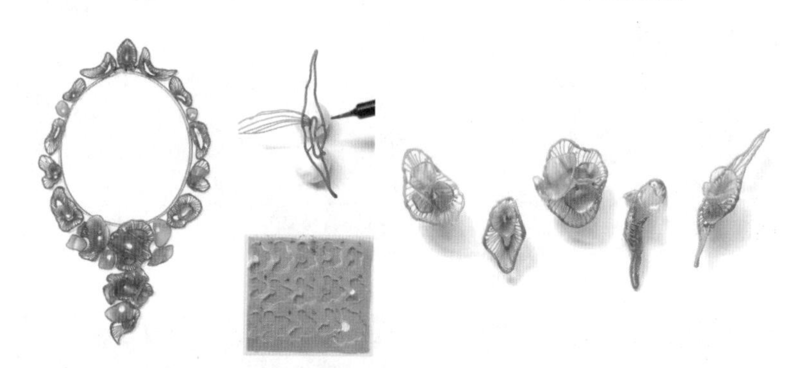

（d）手工雕蜡（医用蜡片）

（e）铸造成银件

（f）焊接零件

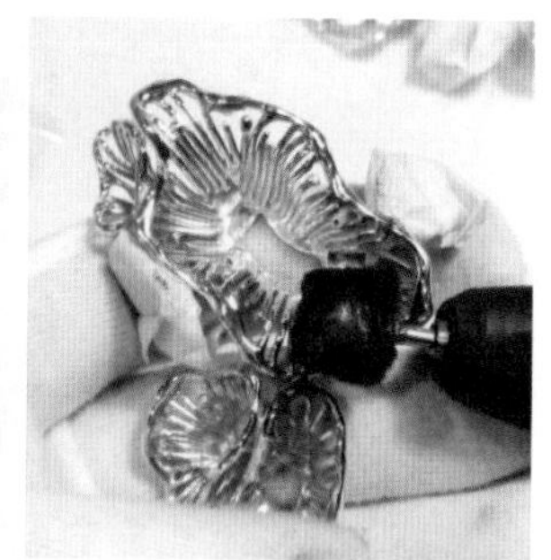

（g）打磨抛光

（h）银作旧

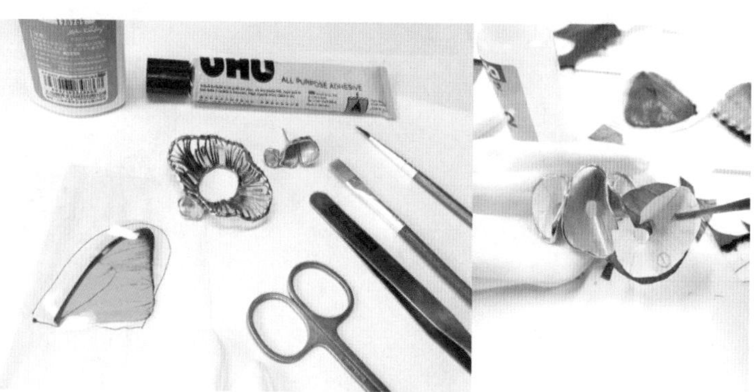

（i）粘贴蝴蝶翅膀

图2-27 “渴求生命的延续”制作过程

二、镶嵌

镶嵌是一种历史悠久的工艺，最早出现在旧石器时代晚期。这种工艺不止使用在首饰制作上，它泛指将一种物体镶嵌在另一种物体上。在首饰制作中多是将宝石镶嵌在金属上，随着当代首饰艺术的发展，木头、玻璃、陶瓷和树脂等非传统首饰材料也会使用这类工艺。镶嵌的方法有很多种，比较常见的是爪镶、包镶、铲镶、打孔镶等。金镶玉、螺钿贝壳镶嵌等较为复杂的工艺一般运用在金银首饰摆件的设计制作上。一般在院校的首饰工艺课程中，爪镶和包镶是必须学习的两种镶嵌工艺。

（一）爪镶

爪镶是利用金属托上预先设置的金属爪，将宝石紧紧扣住的镶嵌方法，它是最常见的镶嵌方法，一般用于刻面的宝石（图2-28）。爪镶一般分为二爪镶、三爪镶、四爪镶和六爪镶等，其中四爪和六爪最为常见。有些形状不规则的宝石也可以根据造型来调整和设计爪数。在镶嵌时，宝石的腰部要恰好放在镶口上，不能露边，台面要平整，宝石底尖不能露出。除了一些形状不规则的宝石外，爪的分布要按照宝石腰部的形状均匀排列，各爪的间隔是60°、90°、120°。爪镶常用的工具有尖嘴钳、锉刀、榔头、吊机、吸珠针、扫针及各种钻针等。图2-29所示为四爪镶底托。

图2-28 吊坠，郷海悠二（Satomi Yuji），白金、坦桑石、钻石

图2-29 爪镶底托（正面和背面）

（二）包镶

包镶是用金属镶口将宝石腰部包住的一种镶嵌方法，多用于比较大的弧面宝石（图2-30）。包镶的镶口需要与宝石腰部的尺寸一致，镶边高度要高于宝石1~1.5mm，将镶口与金属框架焊接，完成金属托架（图2-31），将宝石放入镶口

图2-30 吊坠，郷海悠二，黄金、碧玺、钻石

图2-31 包镶底托（正面和背面）

内，用平头的冲头沿着镶边均匀敲打，逐渐移动，直到镶边完全压在宝石边上，然后用锉刀修整镶边，使用平铲修整镶边内侧，最后用砂纸打磨、抛光。

（三）铲镶

铲镶又称为起钉镶，是利用金属延展性，使用钢铲或钢针在镶口边缘铲出钉头，再挤压钉头，卡住宝石的镶嵌方法，钉头或圆或方，棱角分明，线条流畅完美。因无法铲出较大的钉，此种方法适用于小于3mm的宝石镶嵌，每颗宝石周围可使用2~4枚或者更多的金属钉。可以按照实际的操作需求决定铲镶宝石的大小、数量和分布（图2-32）。

（四）打孔镶

打孔镶是将珍珠、琥珀或宝石打孔后，用金属托架上焊接的金属针来固定宝石的镶嵌方法。珍珠、琥珀等有机宝石由于材质的特殊性，很难使用包镶、硬镶、槽镶等方法。打孔镶通常采用半孔镶或通孔镶两种方式。半孔镶是指将宝石打出半孔，半孔与金属托架上焊接的金属针高度相同，镶嵌时，在金属针上均匀涂抹专用黏合剂，将其插入宝石的半孔中，按说明等待黏合剂变干固定。通孔镶可以不使用黏合剂，将宝石整个打穿，金属托架上焊接的金属针应长于宝石，冒出一节。在穿孔的金属针顶端先穿上一片垫片，使用工具将金属针底端敲宽、敲平滑，再将宝石穿入，顶端按设计要求封住。

图2-32 胸针，郷海悠二，白金、欧泊、绿松石、钻石、珍珠

三、镀金

镀金是将薄薄的一层金附着于金、银或非贵金属表面的工艺，它是金属表面处理的常见手段之一。镀金是意大利化学家路易吉·布鲁纳泰利（Luigi Brunatelli）在1805年发明的，他第一次将银上面镀了黄金。镀金可以在大多数金属上使用，如银、镍、铜、不锈钢等，在

现代工业中金属钨和钛也经常镀金。首饰中金、银和铜是最常用的镀金材料。银和铜的化学性质不如金稳定，容易氧化变色，镀金可以更好地呈现效果和利于保存，同时也可以改变它们本身的颜色。此外，黄金上也会镀金，这样能使黄金的色泽和光度更佳。

镀金的步骤并不复杂，以铜镀金为例，先将需要镀金的金属表面污垢清洁干净，在它的上面镀上一层薄薄的镍。一些非贵金属的化学性质不稳定，非常容易氧化，而金的化学性质非常稳定，稳定的金离子很难附着在不稳定的非贵金属上，所以需要中间介质镍，镍的活性介于二者之间，能够更好地将金离子附着在其他金属上。镀金的理想厚度一般为0.5~1.0μm。对于镀金的首饰来说，主要的区别是它们产生的颜色，而非价值，金纯度越高，颜色就越接近黄金。颜色随着纯度而变化，通常镀金会介于10K到24K，但也有一些设计师通过低纯度的镀金颜色来为首饰增加品位和格调（图2-33）。

图2-33 “萤火虫”，方曦彤，925银镀8K金、磷灰石、碧玺

近几年彩色的镀金也开始流行，它的颜色取决于黄金纯度及电镀材料。这种新技术的突破为首饰增加更丰富独特的视觉效果。镀彩色金的步骤基本与镀金步骤一致，为了增加特殊效果，可以进行喷砂处理后再镀色，镀色的时间要根据所需颜色来决定，时间越久颜色越浓（图2-34、图2-35）。

图2-34 “缩影”戒指，马佳寅，925银、银镀18K黄金及黑金、金属粉、硼砂

图2-35 “共生”套件，叶婷，925银镀彩金、锆石

镀金作品“共生”制作过程示范（图2-36）。

（a）项链雕蜡

（b）蜡模浇铸

（c）宝石镶嵌

（d）银件组装

（e）银件喷砂处理及遮盖（镀色时需将镶嵌部分遮盖）

（f）银件镀色过程

（g）镀色后组装各部件

图2-36 “共生”首饰制作过程

四、锻造

金和银的延展性非常强，除了制作首饰以外，也很适合用锻造来制作容器和摆件。锻造是金属在加热之后被不断锤揲从而形成各种形状和肌理的工艺，延展性强的金、银和紫铜都适

用于这种工艺。在锻造前要先将金属退火清理干净，根据所需形状选择铁砧和锤子，铁砧是指锤揲金属时用的垫座，锤头形状的不同也决定着最终的器形和肌理，所以工具的选择是非常重要的。在锤揲的过程中金属会逐渐变硬，需要退火再进行进一步加工。锻造技术制作作品如图2-37~图2-42所示。

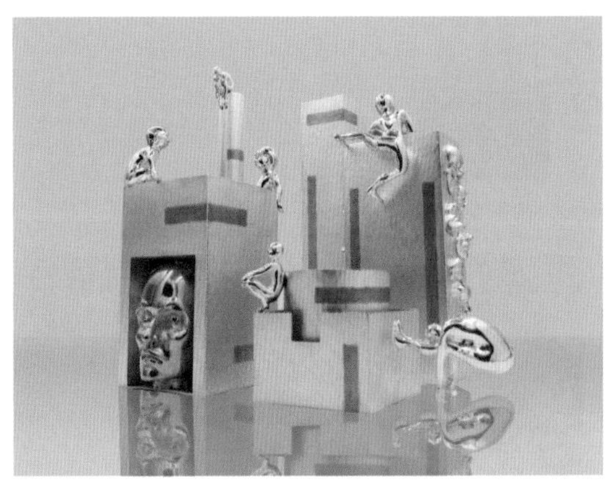

图2-37 “人与城”，银器，高丽芳，纯银、银镀金

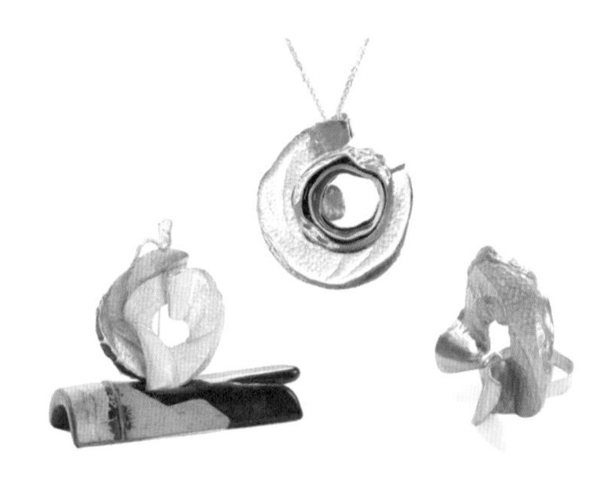

图2-38 “阴翳礼赞”胸针、吊坠、戒指，朱珠，银、珐琅、金箔、金漆、发晶

图2-39 器皿，山本裕介（Yusuke Yamamoto），958银，2021年

图2-40 “敌意”器皿，凯文·格雷（Kevin Grey），纯银，2015年

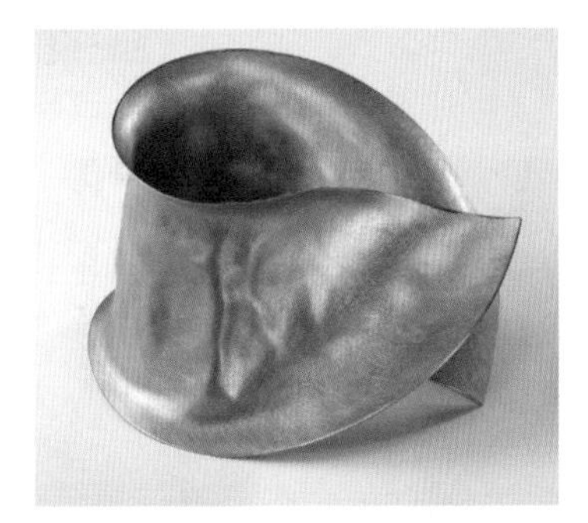

图2-41 “丝绸之翼”手镯，乌特·戴克（Ute Decker），金属镀金

图2-42 “盐与胡椒”器皿，斯图亚特·詹金斯（Stuart Jenkins），纯银、24K金

锻造作品“渡”及其制作过程示范（图2-43、图2-44）。

图2-43 “渡”，摆件，钱佳玲，足银、锆石、合金、亚克力、烤漆和电镀

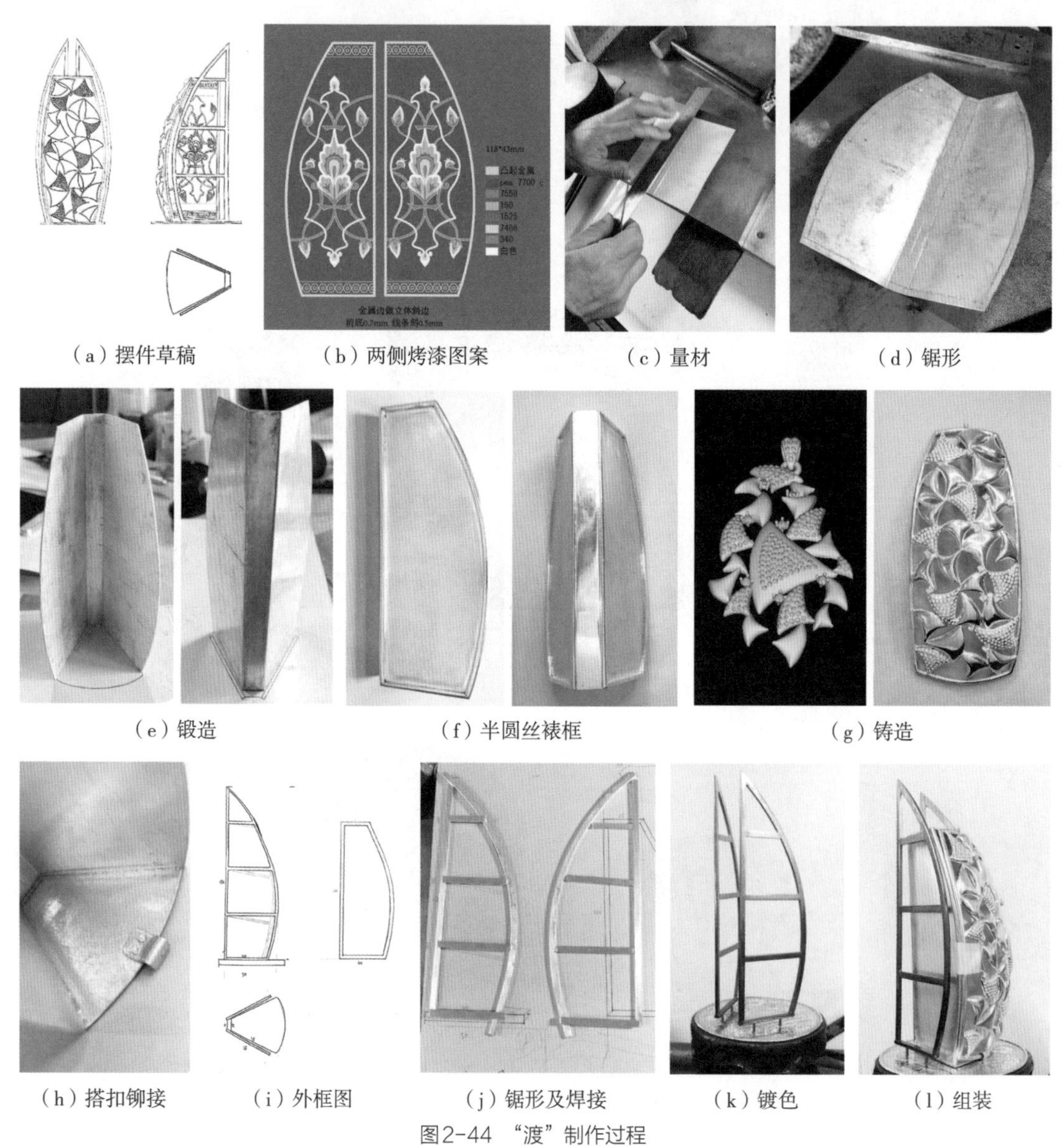

（a）摆件草稿　（b）两侧烤漆图案　（c）量材　（d）锯形

（e）锻造　（f）半圆丝裱框　（g）铸造

（h）搭扣铆接　（i）外框图　（j）锯形及焊接　（k）镀色　（l）组装

图2-44 “渡”制作过程

五、金属编织

金属编织工艺在装饰艺术和首饰艺术中都被广泛地使用。编织工艺是利用韧性较好的纤维类材料以手工或机器的方式编织成工艺品，它既具有实用性又具有装饰性。首饰的金属编织是将具有良好延展性的金属制成金属丝后再通过缠绕、穿插、编结或编织等纺织工艺或编篮工艺来制作首饰。金、银和铜都可以制作成金属丝，其中银丝使用得最为广泛，因为它的延展性仅次于金，银丝质地软，易加工，价格相对低廉，是最适合金属编织的材料。铜丝的质地比银硬，需要选择合适的编织方法。

（一）绕丝

绕丝（Twisting）是用单根或者多根金属丝通过多次绞结的方式形成造型，金属丝股数和粗细的不同会改变首饰的形状。绕丝工艺可以制作整件首饰，也可以制作首饰的部分装饰。大约在公元前2400年的克里特文明（Minoan civilization）时期就出现了绕丝首饰。公元前6世纪~前4世纪，用正方形的金丝扭曲而成的首饰是铁器时代欧洲编织首饰的典型例子（图2-45）。公元前4世纪的伊特鲁里亚（Etruscan）最流行的戒指也使用了绕丝工艺，这些戒指的中间有金属转轴，上面的金属框是可翻转的，在金属转轴旁边往往缠绕着金属细丝，绕过可翻转的框架将它们固定（图2-46）。在当代首饰中这种工艺往往用于制作首饰的部件，或用于简洁首饰的制作。

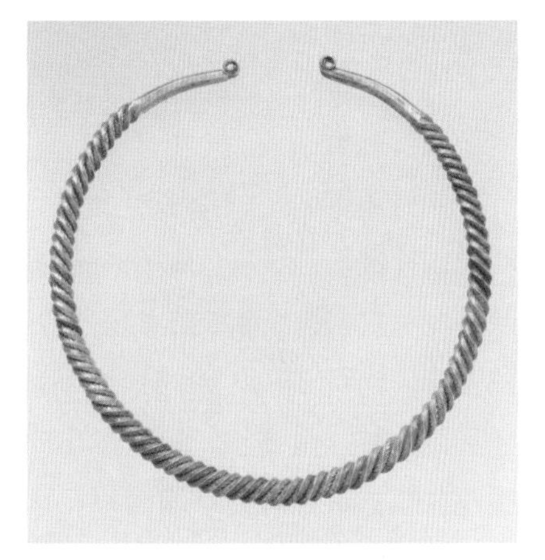

图2-45 正方形金丝手镯

（二）编织

编织（Knitting）首饰的样式比起绕丝首饰更加多样。按工艺可以分为编结（针织）、钩针、织结、线轴等。金属编织最好选择质地足够柔韧的纯金丝或纯银丝。

1. 编结（针织）

编结（Needle knitting）可以使用编织针、搅拌棒或者线圈架等辅助工具。具体的操作方法可以参考纺织品编织工艺的步骤，以及纺织品编织的纹样，选择合适的方法制作编织首饰。

编结作品“绽放”及其制作过程如图2-47所示。

图2-46 伊特鲁里亚绕丝戒指

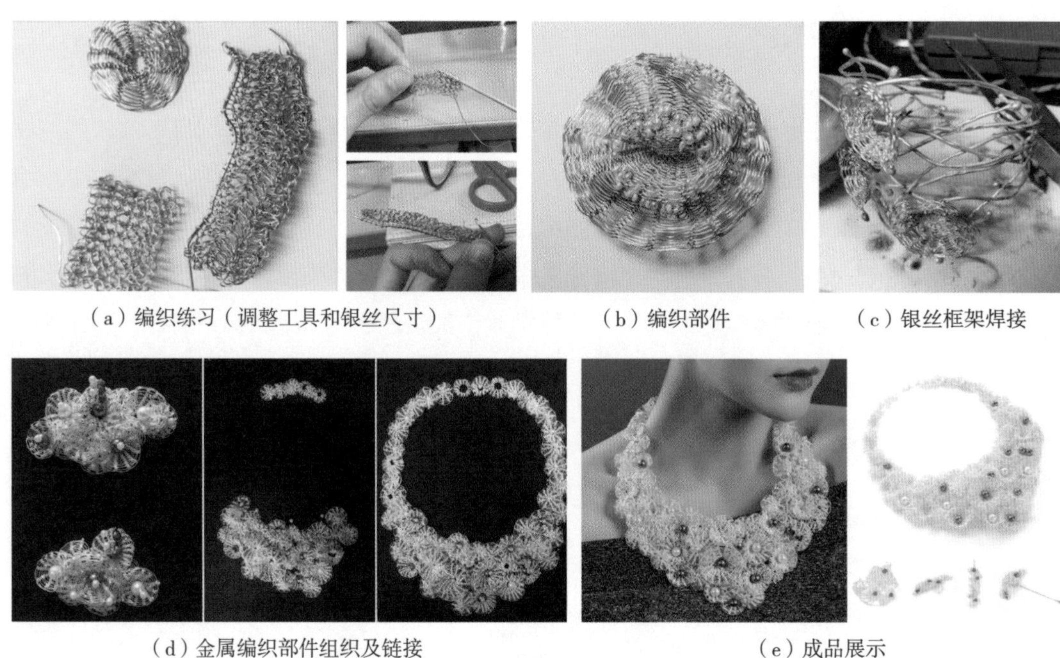

（a）编织练习（调整工具和银丝尺寸）　（b）编织部件　（c）银丝框架焊接

（d）金属编织部件组织及链接　（e）成品展示

图2-47 “绽放”套件，谈霄云，银丝、珍珠

2. 钩针

钩针（Crochet）编织也是金属编织首饰中常用的手法。在《钩针编织基础》一书中解释到钩针最初是从一个简单的圈形成链开始，然后加入各种针法技巧，形成钩针织品。钩针的针法决定了编织品最终呈现的效果，针法分为基础针法和造型针法，基础针法是钩针技法的基础，钩织出的织物纹理比较有规律，造型针法更加多样而复杂，钩织出的织物更具肌理感和造型感。金属钩针编织作品的主要材料是金丝或银丝，也可以搭配毛线、棉线和蕾丝线等材料。通过融合不同线材，可以体现同种技法的不同效果，增加肌理的对比和视觉效果。金属钩针编织一般选用0.3mm或0.4mm的纯银丝，工具是钩针和标记扣。材料的尺寸、工具和针法不同所呈现的最终效果会大相径庭，因此建议在正式制作前要做材料和工艺的实践。

钩针编织作品“絮果”及其制作过程示范如图2-48所示。

银丝的粗细会直接影响作品的造型：0.2mm的银丝细、软，更容易钩编，银丝之间的空隙更紧密，适合复杂的钩编作品，缺点是容易变形，定型效果欠佳。0.3mm的银丝细、软适中，定型效果较好，但是缺乏弹性，钩编复杂，容易断裂。0.4mm的银丝适合简单的短针，定型效果比其他两种好，但银丝较硬，不易钩编。最后选择了0.3mm的银丝和马海毛，使用0.6mm和1.0mm钩针搭配完成作品。

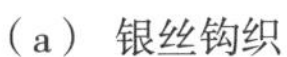
（a） 银丝钩织

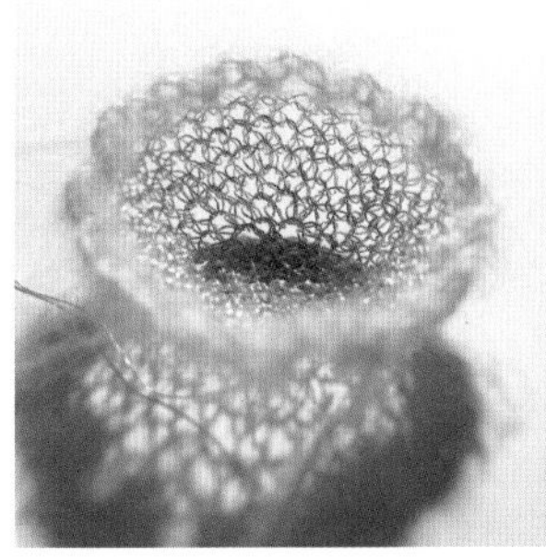

（b） 银丝与马海毛钩织

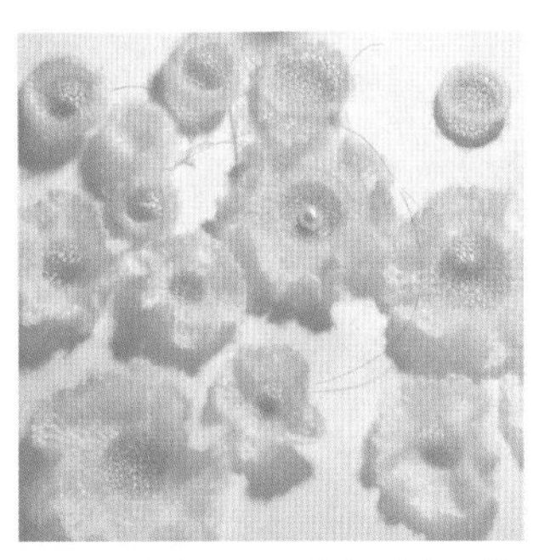

（c）继续在银丝上钩织马海毛线

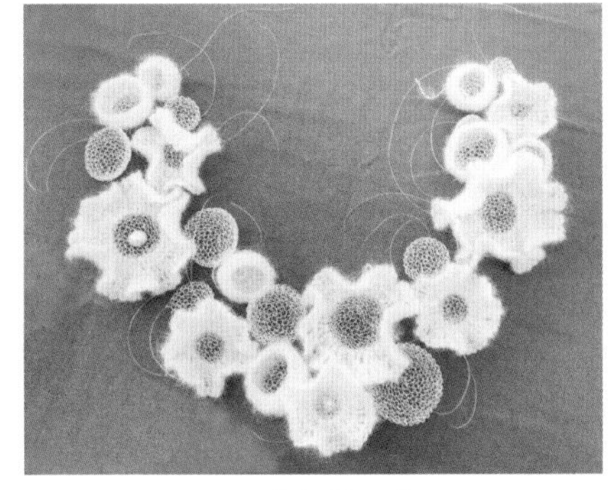

（d）各部件组合

（e）成品展示

图2-48 “絮果”项链，姚非儿，银丝、马海毛

其他设计作品如图2-49、图2-50所示。

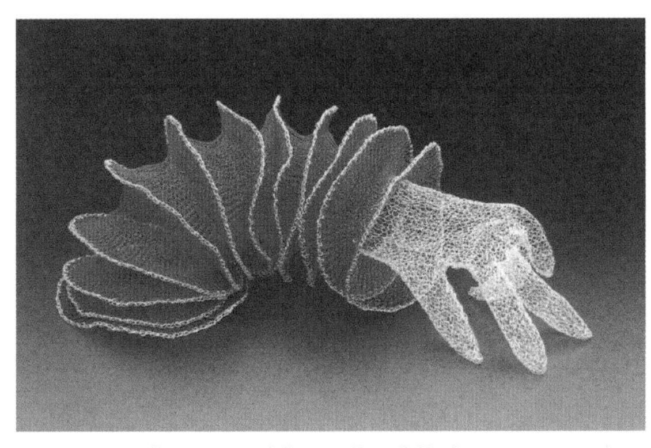

图2-49 “手镯、手套”，阿琳·费施（Arline Fisch），镀铜、银

图2-50 “纤”耳环、戒指，王晨露，银、珍珠

3. 机器针织

机器针织（Machine Knitting）需要使用编织机（针织机）（图2-51），方法是将金属丝固定在织机的钩架和钩针上按照序列穿插编织，调整钩针排列的密度可以改变织物纹路的疏密。普通的编织机有平针和花式两种纹路。平针的钩针间距排列是相等的，只是疏密不同。

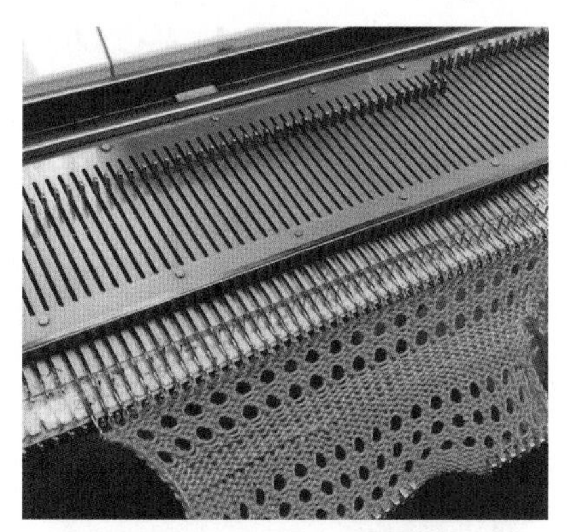
图2-51 编织机（针织机）

图2-52 “罂粟”戒指，郭鸿旭，白铜、黄铜、铜丝

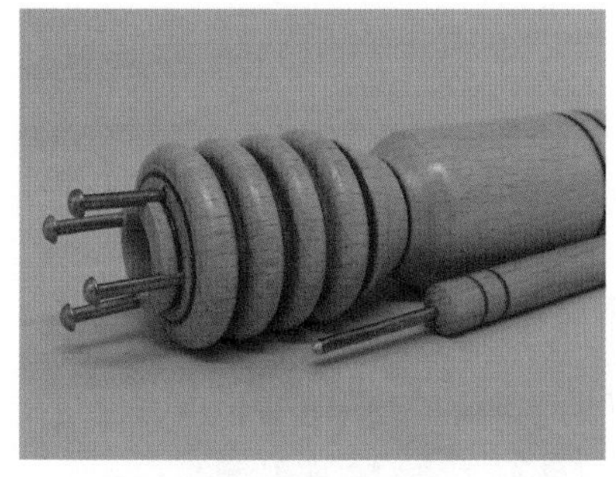
图2-53 线轴

图2-54 “加州空中花园”，阿琳·费施，金属丝

花式织结多种多样，通过调整钩针排列的方式来改变纹路，很多编织机配有花卡，花卡上有各种排列好的孔洞，它们对应着织结出的花纹，将花卡放置在织机的卡槽中，转到所需的花纹孔洞来调整钩针即可。金属丝的柔韧度不如棉、毛线，一般使用平针的方法，但织结后两边容易向内卷起，需要后期处理。金属丝可以用金、银和铜丝，金和银丝效果更佳，因铜丝柔韧性不如前两者，在制作中容易断裂，不适合大面积的使用织结（图2-52）。

4. 线轴编织

线轴编织（Spool Knitting）是制作管状织物的方法，线轴最早是教孩子们编织的玩具，可以制作娃娃服装或者玩具屋的地毯等（图2-53）。最初它们的样式是空心的，线轴上有四或五个钉子，而现在钉子的数量可以超过一百个。制作方法是将金属丝的一端穿过空心线轴，另一端有顺序地缠绕在钉子上，制作两层线圈后，将底下的线圈翻到上面的线圈，以此循环，形成管状的针织结构。这种技法制作的首饰非常立体。当代编织首饰艺术家阿琳·费施（Arline Fisch）经常使用这种技法制作编织首饰（图2-54）。

（三）经纬编织

经纬编织（Weaving）是由经线和纬线两组不同的线以直角交织的方式形成织物。它是当代金属编织首饰常见的形式之一，有多种制作方法，一种方法是将条状或薄片状的金属作为经线，多股缠绕的细丝作为纬线，将经线和纬线交织在一起，形成平纹编织（Plain Weave）图案（图2-55）。另一种方法是一根细丝纬线和一根粗丝经线，纬线在两条经线上行进，然后绕着一条经线返回，依次包裹每一条经线，这种图案称为索马克（Soumak），它源自一种古老的地毯编织技术（图2-56）。其他常用方法还有织机经纬编织（Loom weaving）、卡片经纬编织（Card weaving）、异形编织（Shaped Weaving）等。

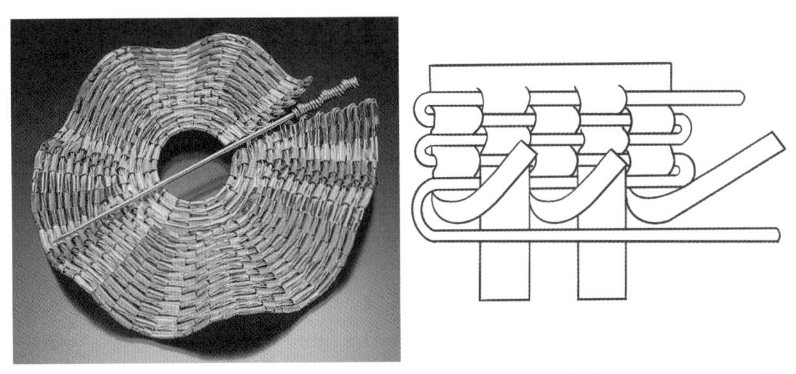

图2-55 “荷叶边”胸针及平纹编织示意图，芭芭拉·伯克（Barbara M.Berk）

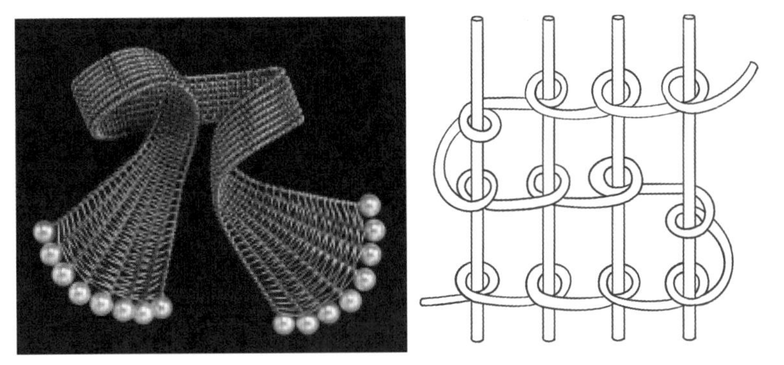

图2-56 “蝴蝶结”胸针及索马克编织示意图，芭芭拉·伯克（Barbara M.Berk）

（四）编篮

编篮（Basketry）是将柔韧性高的材料编织或缝制成三维物件的工艺，常用于家具或家居用品。在古代的首饰中并未发现其踪迹，它的出现是由于当代首饰的兴起，人们对首饰有着无界限的思考，并将很多其他领域的工艺应用在首饰上。编篮的技法有编织、缠绕和卷绕等。

1. 编织

编织（Plaiting）可以制作各种造型，圆形、椭圆形、正方形等，扁平的带状金属紧实的交错在一起形成牢固的结构。可织成的纹样繁多，有十字、斜纹、六角形、三角形等。

2. 缠绕

缠绕（Twining）的工艺与经纬编织类似，都使用了经线和纬线，在编篮工艺中，经线是由柱或辐条组成，形状呈放射状或平行序列，多数是等间距的。纬线，有时也称为系带，通常有两根纬线，进出经线结构可以用各种方式操纵。经线需要固定在底部，可以通过焊接金属来完成，立柱的上端留出空间，以便纬线穿插，纬线通常从立柱的顶端开始向下推入结构的位置中，过程中不需要弯曲经线，这样避免了立柱的损伤，只需要不断地穿插纬线。这种工艺非常适合制作立体的造型，是当代金属编织首饰中最常见的手法之一（图2-57~图2-60）。

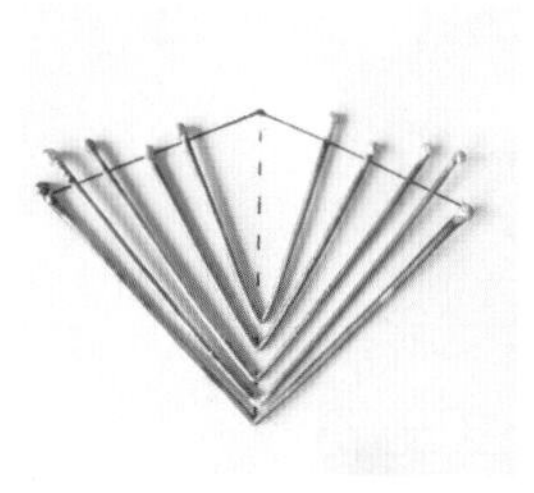
（a）制作925银丝框架

（b）固定框架

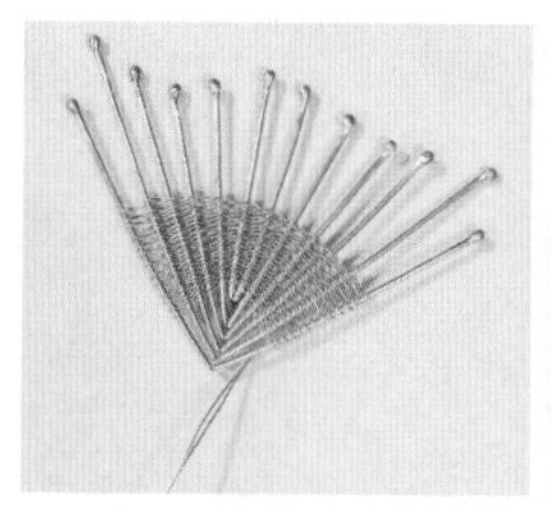
（c）框架间缠绕纯银丝

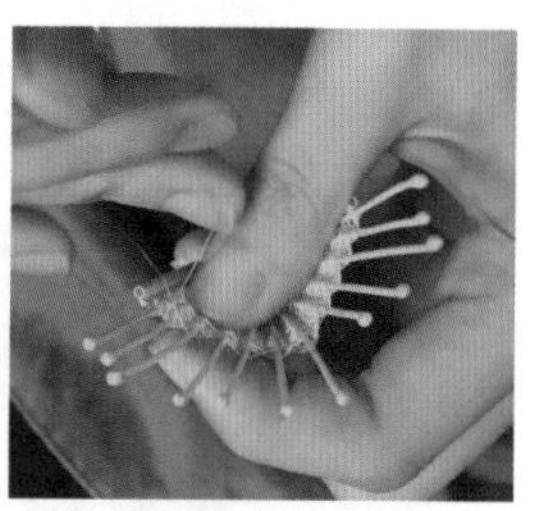
（d）边调整角度边绕丝

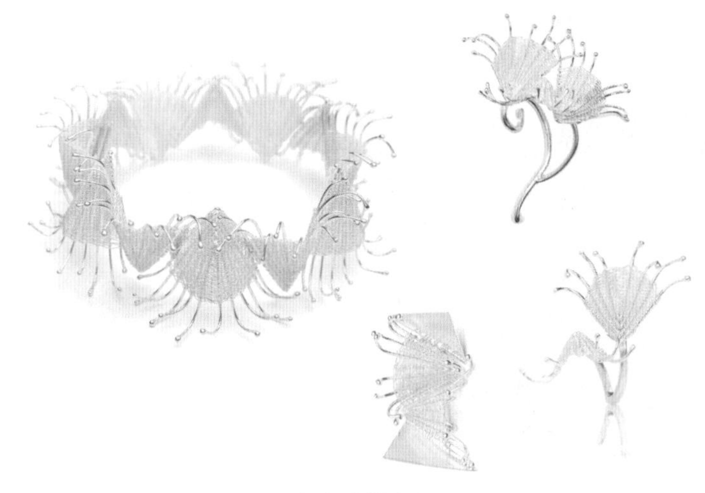
（e）成品展示

图2-57 “蓝色穿梭者”套件，利巧瑶，纯银、925银

注 通常是1mm的925银丝框架与0.3mm纯银丝搭配绕丝，但材料的具体尺寸还应根据设计方案的实际情况而定。

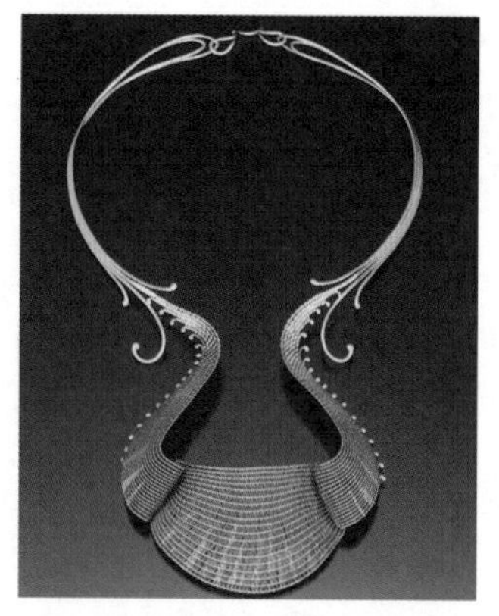
图2-58 项链，玛丽·李·胡（Mary Lee Hu），纯银、925银、22K金、漆铜

图2-59 手镯，凯西·弗雷（Kathy Frey），925银、925氧化银

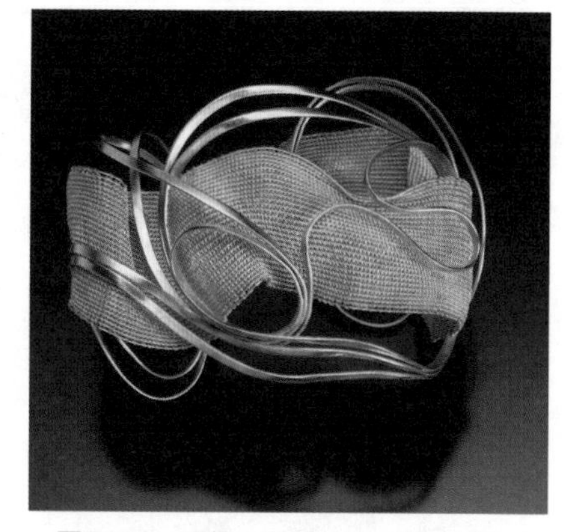
图2-60 手镯，玛丽·李·胡（Mary Lee Hu），18k金、22K金

3. 卷绕

卷绕（Coiling）是在里芯上反复缠绕单一元素的工艺，里芯决定了形状的体积和尺寸，缠绕的材料控制着结构和形状。这是编篮中的第三种常用工艺。

（五）编辫

编辫（Braiding）可以制作扁平、线性的结构，工艺相对容易操作。编辫工艺是将金属丝固定在台钳或插针板上，通过手工编结的方式来完成造型，根据金属丝股数的不同来改变具体的形状。金属丝的直径可选择的范围较广，如果直径超过1mm可以通过焊接来固定造型。

六、金属象嵌（打迂象嵌）

象嵌是日本的传统手工艺，分为金属象嵌、陶象嵌和木工象嵌。日语中“象”为成型的意思，“嵌”则是镶嵌的意思，在金属底板上镶嵌不同颜色的金属，通过色彩的变化及凸起等表现图案和花纹，就是日本的金属象嵌工艺。日本的金属象嵌种类按照其工艺分为打迂象嵌、布目象嵌、高肉象嵌、有线象嵌、平象嵌、切嵌和消迂象嵌等，也出现了同一件象嵌作品上几种象嵌工艺结合使用。打迂象嵌和布目象嵌在首饰制作中应用最广。打迂象嵌是以银为底板，布目象嵌则以铁为底版。在贵金属章节中先介绍以银为底的打迂象嵌。

打迂象嵌一般使用紫铜和银两种板材，利用银的延展性以其为底板将紫铜片嵌入其中。工艺步骤是首先取板材，银的厚度通常选择1.0mm、紫铜0.4mm，两种板材的厚度差尽量保持在这个数值以内。在紫铜片上锯出所需图案，在图案后面均匀地烧满焊药，将紫铜与银片焊接至无任何缝隙。用平头锤正反两面、横纵向锤打银片与紫铜片焊接的部分，直至紫铜片完全嵌入银片中，过程中需要反复退火，以防金属过硬。完成上述步骤后，在银片上锯出所需的形状。根据设计可以使用各种形状的錾花头，在表面錾刻花纹。最后清理表面，打磨抛光。根据需要也可以使用硫酸铜将紫铜片部分做成黑色。

金属象嵌（打迂象嵌）作品“蝴蝶”及其制作过程示范如图2-61、图2-62所示。

图2-61 “蝴蝶”胸针，郭鸿旭，纯银、紫铜

（a）紫铜与银焊接

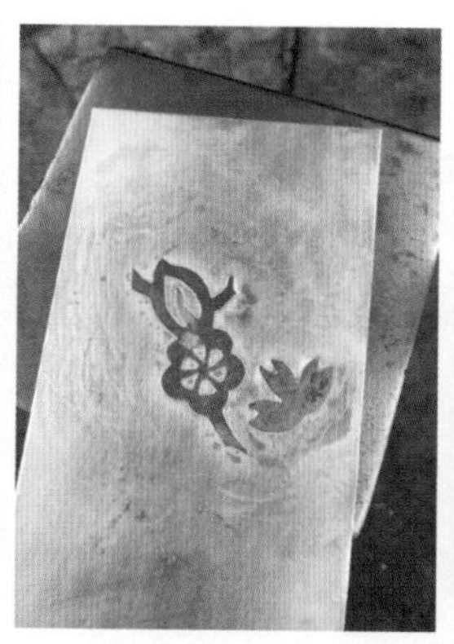

（b）正反横纵向锤打银片

（c）浮雕锻造

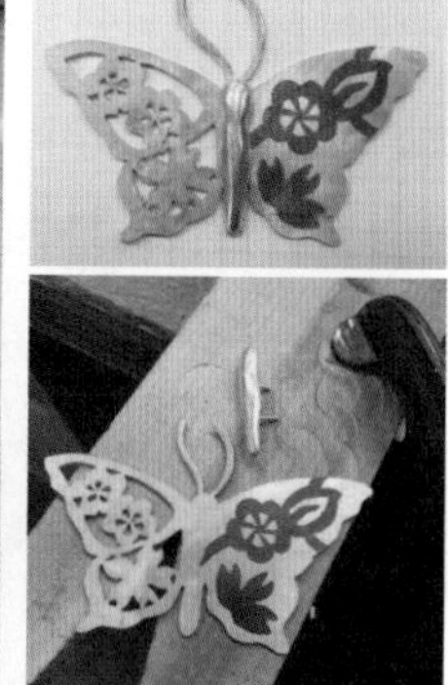

（d）锯形

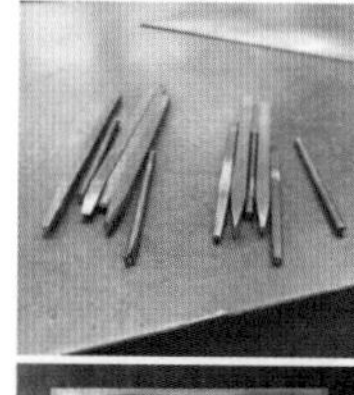

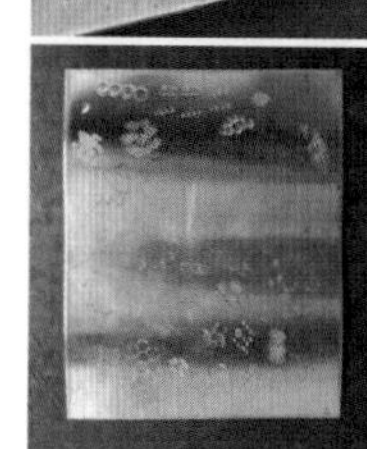

（e）錾刻花纹

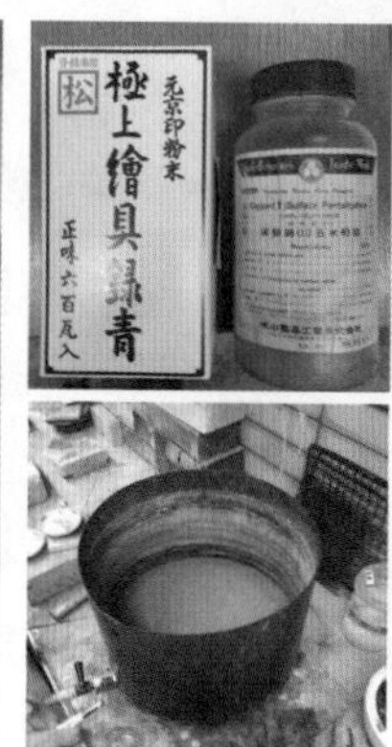

（f）紫铜做旧

图2-62 “蝴蝶”制作过程

其他设计作品如图2-63、图2-64所示。

图2-63 胸针，Torigaski，紫铜、银

图2-64 吊坠，庄司喜久美，纯银、紫铜

七、珐琅

珐琅是在金属表面熔填有色玻璃质釉料的工艺。釉料通常是由石英砂、氧化铁、氧化钾（钾）和硼砂等矿物质组成，在700~900℃的高温烧制后会形成釉质。各色的釉料是通过添加不同的金属氧化物和氯化物形成的丰富颜色。珐琅胎底的种类有金胎、银胎、铜胎、瓷胎、玻璃胎、紫砂胎等。珐琅有多种制作工艺，大致可分为内填珐琅（Champlevé）、掐丝珐琅（Cloisonné）、玑镂珐琅（Guilloche）、透明镂空珐琅（Plique-à-jour）和微绘珐琅（Miniature Enamel Painting /French Enamel）等（表2-5）。

表 2-5 珐琅的制作工艺

种类	图例	种类	图例
内填珐琅	吊坠,纳达·加扎勒（Nada Ghaza1）	透明镂空珐琅	胸针,勒内·拉里克（René Lalique）
掐丝珐琅	戒指，伊尔吉兹·法祖尔扎诺夫（Ilgiz Fazulzyanov）	微绘珐琅	戒指，伊尔吉兹·法祖尔扎诺夫（Ilgiz Fazulzyanov）
玑镂珐琅	胸针，德弗鲁门(De Vroomen)，图片来源：金匠公司（The Goldsmiths' Company）	低温珐琅	戒指，艾丽丝·西科利尼（Alice Cicolini）

珐琅釉料可分为透明釉、半透明釉、不透明釉、无铅釉、底釉和窑变釉等。釉料的形态有块状、粉末状、线状、液体状，在市面上出售的珐琅釉料多为块状和粉末状，通常釉料需要研磨到80目左右。

粉末状的釉料可以干（干筛）或湿（湿填）两种状态填在胎底上，但无论干或湿在进入珐琅炉前都需是干燥的状态，进入炉子后釉料在200~300℃开始融化呈砂糖状，400~500℃呈橘皮状，800℃以上成完全熔融的状态。釉料的不同和胎底的大小及薄厚都会影响珐琅烧制的时间，有些釉料需要用比普通釉料更高的温度烧制，在正式烧制作品前应先对釉料进行试色，釉料在烧制后颜色通常更加鲜艳，与呈粉末状态时大相径庭，而且不同釉料的收缩程度也略有不同，为了保证作品的质量这一步骤是不可或缺的。院校的首饰课程中一般学习的是干筛珐琅和掐丝珐琅。

（一）干筛珐琅

在当代首饰创作中，不少设计师喜欢使用干筛釉料的方式在金属胎底上填充釉料，使用釉料筛网（80目）将所需颜色撒在金属上，再根据所要的表面肌理来控制烧制温度。

珐琅作品“弧·光”及其制作步骤如图2-65、图2-66所示。

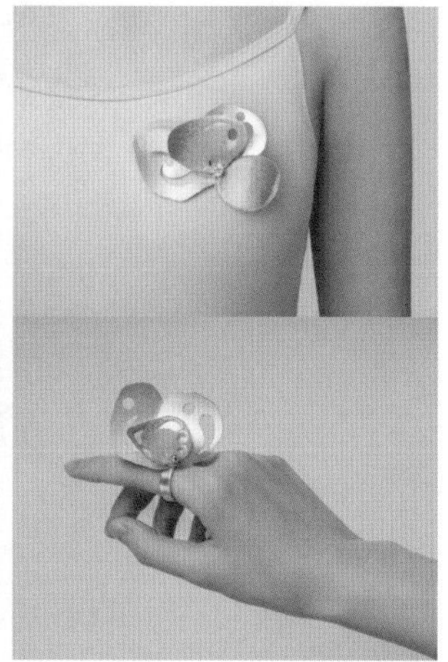

图2-65 “弧·光”套件，廖文清，999银、锆石、珐琅

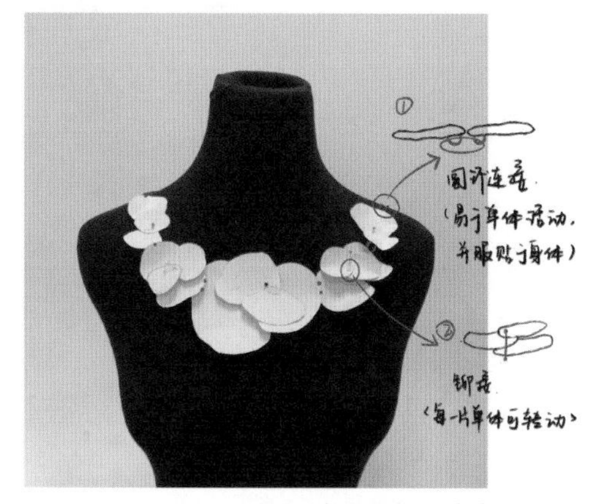

（a）根据设计稿制作纸模，确认各部件位置

（b）颜色搭配实践

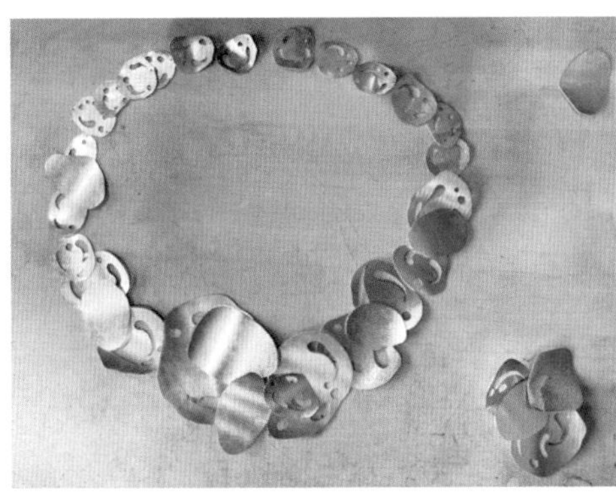

（c）准备银片做为胎底

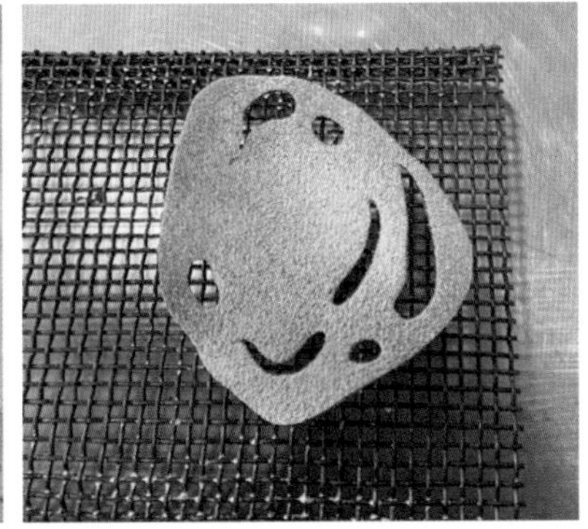

（d）将釉料粉均匀地撒在银片上

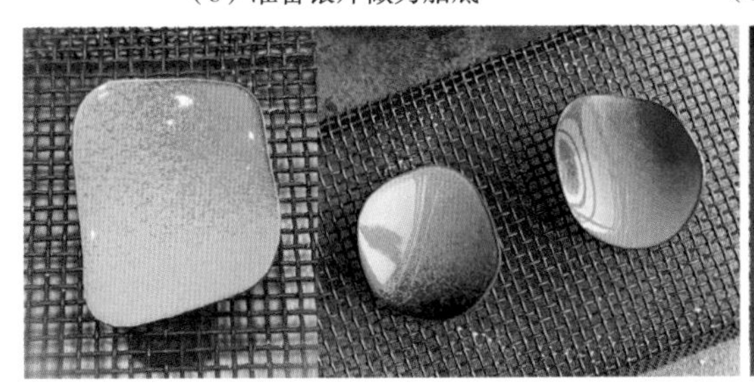

（e）珐琅片烧制

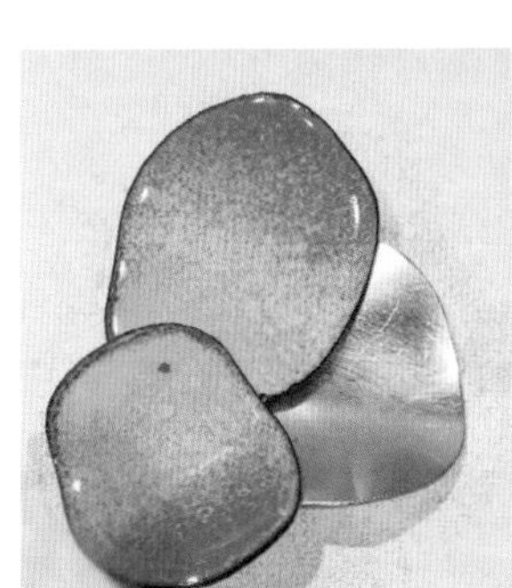

（f）冷接和组装珐琅片

图2-66 “弧·光”制作过程

其他作品如图2-67、图2-68所示。

图2-67 “拼贴”胸针，汉娜·奥特曼（Hannah Oatman），不锈钢、纯银、珐琅、18K金

图2-68 胸针，温迪·麦卡利斯特（Wendy Mcallister），银、珐琅

（二）掐丝珐琅

掐丝珐琅在中国称为景泰蓝，日本称为有线七宝，是一种历史悠久的工艺，也是当代首饰的主要表现手法之一。掐丝珐琅的特点是可以用金属丝（金、银或紫铜丝）来描绘图案，区隔不同颜色的釉料。中国的景泰蓝使用紫铜丝居多，在烧制成功后会在紫铜丝表面镀金，日本的有线七宝一般使用银丝。在烧制面积较大的珐琅时经常会出现釉面崩裂的现象，这种状况在掐丝珐琅作品中得以改善，主要是因为金属丝将体积大的釉面间隔成多个小面积的釉面。胎底可以使用金、银或紫铜，因为珐琅基本覆盖了胎底，所以使用银和紫铜居多。掐丝珐琅需要将湿的釉料填充在金属丝间，待其完全干燥后再进入珐琅炉烧制，珐琅炉的温度一般设置在750~800℃，温度可根据实际操作略有调整。掐丝珐琅常用材料及工具如表2-6所示。

表2-6　掐丝珐琅常用材料及工具

类型	材料及工具	类型	材料及工具
金属胎底	紫铜、银（纯银效果更佳）	胶水	白及胶、海藻胶
金属板清洁	小苏打、铜刷、砂纸等	掐丝	紫铜丝、银丝、镊子
釉料研磨	玛瑙或陶瓷研磨钵	焊接	焊粉、釉料
筛填	釉料筛网（80目）、施釉用竹签、滴管、小毛笔	打磨	油石（320、400、600、800、1000、1500）、炭块
修复	金刚砂磨头	辅助	烧网、耐火砖

掐丝珐琅工艺的基本步骤是先将金属板清理干净，在金属板正反面烧制釉料，正面建议使用白釉，在正面用复写纸描绘好图案后，用镊子将金属丝按图案掐丝。将掐好的丝用白及胶或海藻胶固定在金属板上，沿着掐丝的边缘撒上焊粉，焊接后丝与金属板固定。第一遍烧制，将各色釉料用清水研磨，小心仔细地将这些糊状釉料填充到丝中，需注意不能让釉料流出丝外，颜色不能混在一起。填充釉料的高度为30%，烧制。第二遍烧制，填充釉料的高度为50%烧制，如第一遍烧制的颜色不满意，可进行换色，如果使用的是透色釉料则不能更换。第三遍烧制，填充釉料的高度为100%，烧制。打磨，按油石从粗到细（320、400、600、800、1000、1500）的顺序打磨釉面表面，再用碳块细致打磨，打磨到掐丝图案清晰可见，上无杂质。打磨时釉面经常出现孔洞或者裂痕，可以使用金刚砂磨头将孔洞或者裂痕扩大后再填充烧制。如无问题，可以再上一层透明面釉烧制。最后将蜂蜜油和有机溶液混合，抛光表面。

掐丝珐琅练习作品如图2-69所示。

图2-69 掐丝珐琅练习作品，狄思齐（左及右图）、桑梦晴（中间图）

思考题

1. 首饰常用的贵金属有哪些？
2. K金指的是什么？常用的K金名称有哪些？
3. 19世纪的铂金首饰最初是怎样的形式？由于怎样的原因使得铂金加工不再困难？
4. 925银的成分是什么？
5. 失蜡铸造的工艺流程是什么？
6. 首饰的金属编织工艺主要是那两种类型？
7. 金属锻造常用的材料有哪些？
8. 打迁象嵌中常使用的贵金属是什么？

工艺练习

*根据需要选择某一两种工艺练习。

1. 雕蜡练习。
2. 爪镶及包边镶嵌练习。
3. 珐琅的干筛釉料练习。
4. 金属象嵌练习。
5. 掐丝珐琅练习。

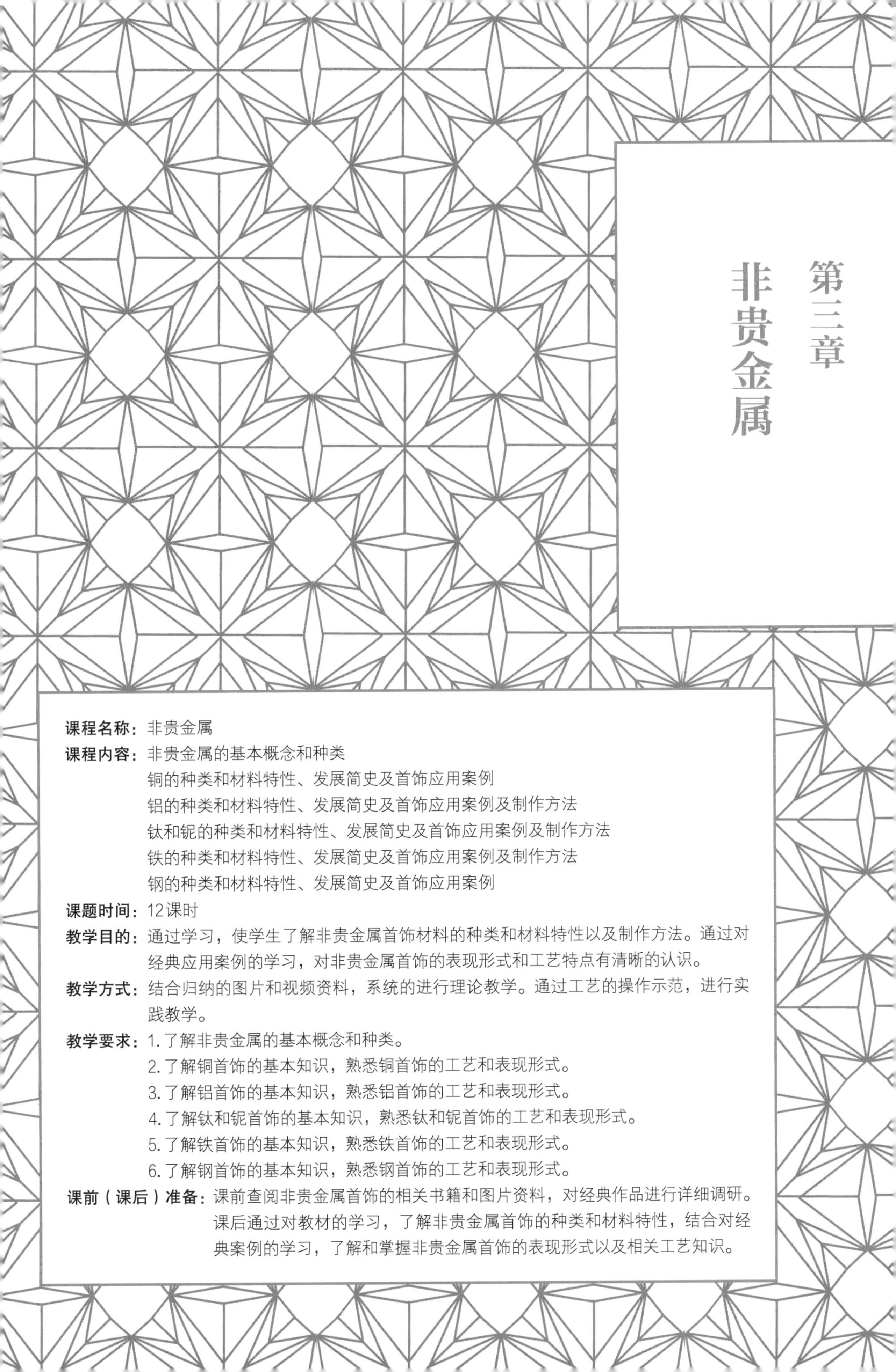

第三章 非贵金属

课程名称： 非贵金属

课程内容： 非贵金属的基本概念和种类

铜的种类和材料特性、发展简史及首饰应用案例

铝的种类和材料特性、发展简史及首饰应用案例及制作方法

钛和铌的种类和材料特性、发展简史及首饰应用案例及制作方法

铁的种类和材料特性、发展简史及首饰应用案例及制作方法

钢的种类和材料特性、发展简史及首饰应用案例

课题时间： 12课时

教学目的： 通过学习，使学生了解非贵金属首饰材料的种类和材料特性以及制作方法。通过对经典应用案例的学习，对非贵金属首饰的表现形式和工艺特点有清晰的认识。

教学方式： 结合归纳的图片和视频资料，系统的进行理论教学。通过工艺的操作示范，进行实践教学。

教学要求： 1. 了解非贵金属的基本概念和种类。

2. 了解铜首饰的基本知识，熟悉铜首饰的工艺和表现形式。

3. 了解铝首饰的基本知识，熟悉铝首饰的工艺和表现形式。

4. 了解钛和铌首饰的基本知识，熟悉钛和铌首饰的工艺和表现形式。

5. 了解铁首饰的基本知识，熟悉铁首饰的工艺和表现形式。

6. 了解钢首饰的基本知识，熟悉钢首饰的工艺和表现形式。

课前（课后）准备： 课前查阅非贵金属首饰的相关书籍和图片资料，对经典作品进行详细调研。课后通过对教材的学习，了解非贵金属首饰的种类和材料特性，结合对经典案例的学习，了解和掌握非贵金属首饰的表现形式以及相关工艺知识。

非贵金属材料种类繁多，除了贵金属以外的其他金属都被归为非贵金属。它们主要有铜、铁、钢、铝、镁、锡、钛、铌、镍和铬金属以及它们的合金。其中铜、铁、钢、铝、钛和铌及其合金在当代首饰的创作中使用频繁，它们价格相对低廉，可塑性较强，有些可以染色，这给设计师和艺术家们提供了更广阔的思路，增加了首饰的艺术性、创新性、概念性和工艺性。

第一节　铜

铜是一种天然金属，它是人类最早使用的金属之一，早在公元前8000年就被不同地区的人们使用。铜的化学符号是Cu，熔点1083.4℃，密度8.960g/cm^3（固态）。铜在常温下呈（紫）红色金属光泽，所以也有别名“紫铜”（Copper）。铜的导电性和导热性高，常被用于建筑材料、电缆和电子元件中，同时它还具有良好的延展性和可塑性，也很适合制作首饰。紫铜的化学性质不如金和银稳定，暴露在空气中颜色会逐渐氧化。紫铜的加工方式与银相似，常用的工艺有焊接、铸造、镶嵌、锻造、錾花和编织。以及一些特殊的金属工艺例如珐琅、象嵌、酸蚀等。

常用的铜合金有黄铜、白铜和青铜，其中黄铜和白铜在当代首饰中的应用也比较广泛。黄铜是70%紫铜和30%锌组成的合金，黄铜有着黄色的金属色泽，具有强度高、硬度大和耐化学腐蚀性强的特点，但是黄铜的延展性不如紫铜，锻打时容易开裂。白铜是镍和铜的合金，白铜呈银白色金属光泽，其中镍的含量越高，颜色越白。纯铜中加入镍可以提高它的强度、硬度和耐腐蚀性。黄铜和白铜的可塑性良好，色泽优于紫铜，抗氧化性更好，也可以结合使用，在当代首饰的创作中应用广泛（图3-1～图3~4）。

图3-1　手镯，郭鸿旭，玻璃、黄铜、金箔

图3-2 “秘密花园”胸针、吊坠及耳环，郭鸿旭，白铜、黄铜、紫铜、925银、珍珠

图3-3 戒指，卡尔·弗里茨（Karl Fritsch），银、紫铜、黄铜、青铜、锆石

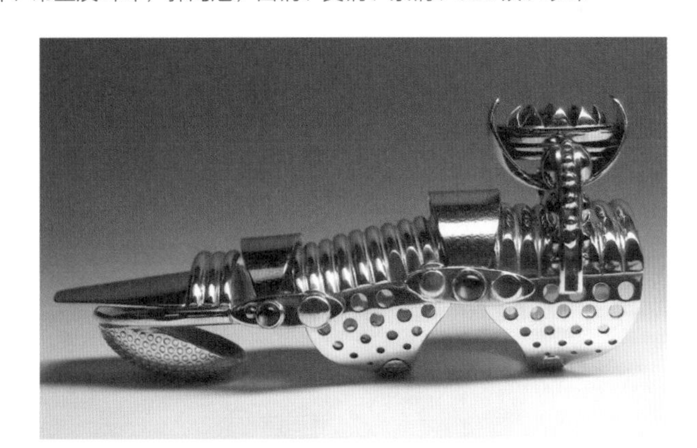

图3-4 戒指，克劳迪奥·皮诺（Claudio Pino），925银、紫铜、黄铜、月光石、电气石

第二节 铝

铝是一种密度低的白色金属，元素符号为Al，密度2.7g/cm^3，熔点为660℃。最初在1855年巴黎展览会上面市，但在首饰的历史中它很少被用于传统首饰，直到当代首饰艺术

的诞生，铝的密度低、质地轻、可染色的特性备受前卫艺术家们的青睐。铝染色需要通过阳极氧化处理，阳极氧化是指通过电解在金属表面形成由稳定的氧化物组成的转化涂层，涂层有着多种表面效果，既可以形成用于吸收染料的多孔涂层，也可以形成用于增加反射光的干涉效果的透明涂层。这种工艺适用于铝、钛、铌及其合金。常用工具和材料有电解槽、电解液、电源供应器（12V以上，电流在10A）、氢氧化钠、硝酸、小苏打、夹具和染料等。

铝的阳极氧化步骤：

（1）清洁及碱性处理。先将铝的表面清洗干净，放入氢氧化钠溶液中清洁（氢氧化钠15%，清水85%），腐蚀10min左右，用纯净水去除杂质。固定铝片时最好使用钛金属夹具，腐蚀的过程中要保持通风良好。

再将铝片放入硝酸溶液中（硝酸10%，清水90%）5min左右，然后用纯净水去除硝酸。这一步骤是因为将铝片放入阳极电解槽中，碱性成分会破坏电解液的硫酸成分，所以需要先将铝片泡入硝酸中去除碱性成分。

（2）将铝片放入阳极电解槽中，电解液是10%的硫酸、90%的清水，电源是12V、1.5A。铝片连接在阳极，开启电源，阳极处理约30min（阳极处理的时间需要根据铝片的大小厚度而定，应视具体情况调整时间）。阳极处理快结束时电流也会变小，是因为铝的表面已经形成了氧化铝的成分，导电性变弱。将电源关闭后再将铝片从电解槽中取出，放入清水中将硫酸清洗干净。

（3）将铝片放入小苏打溶液中（小苏打15%、清水85%）中和酸性。然后放入清水中清洗干净。此时铝的表面已经形成了多孔的氧化涂层。

（4）将铝片浸入染料中，染料即可渗入铝的表面（图3-5）。

（5）封孔。染色后将铝放入清水中清洗，然后在沸水中煮40min左右，或者使用封孔剂封孔。

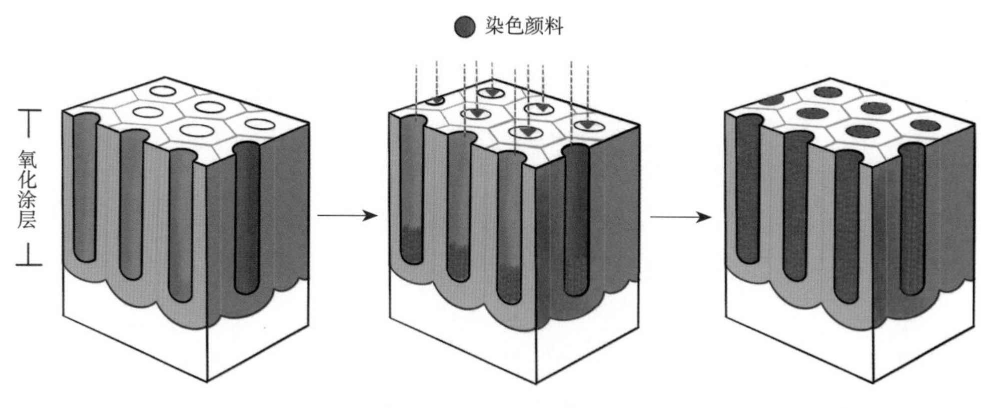

图3-5　阳极氧化后铝表面形成的多孔涂层

作品展示如图3-6~图3-8所示。

图3-6 “内在我”套件，王子妍，925银、铝、白金、树脂、珍珠、锆石、人造毛

图3-7 “内在我”制作过程

图3-8 胸针、戒指，中島凪（Nakajima Nagi），铝

铝需要用特殊的焊药焊接，有时需要自己配制焊药，所以多数艺术家会采用锻敲成型、工业铸造、车削和CNC数控成型等方法制作首饰（图3-9）。也有艺术家通过研究造型和结构来避免焊接，巧妙地制作铝首饰。首饰艺术家诺曼·韦伯（Norman Weber）将首饰上需要连接的边和面用爪的方式牢固地互相扣在一起，这需要在设计时精确地计算它们的位置（图3-10）。

图3-9 手镯，阿瑟·哈什（Arthur Hash），铝

图3-10 胸针，诺曼·韦伯（Norman Weber），铝、绒、合成宝石、不锈钢、333金

其他设计作品如图3-11~图3-15所示。

图3-11 贝壳耳环，伊曼纽尔·塔平（Emmanuel Tarpin），铝、黄金、14克拉钻石，歌手蕾哈娜（Rhianna）收藏

图3-12 兰花耳环，伊曼纽尔·塔平（Emmanuel Tarpin），铝、黄金、白金、钻石、帕拉伊巴碧玺

图3-13 项链，约翰·摩尔（John Moore）铝、橡胶、钻石

图3-14 “AL项目”耳环，Hemmerle，铝、金、青铜、石榴石

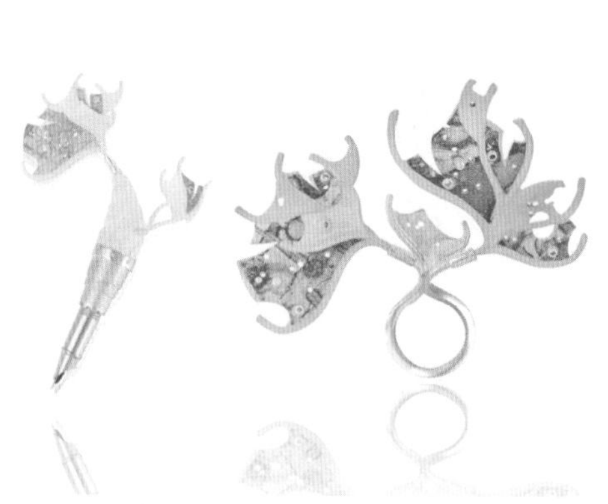

图3-15 “一场华丽的厮杀”钢笔、戒指，刘翊倩，铝、925银、漆、锆石

第三节 钛和铌

钛（Titanium）是一种呈银白色的金属，化学符号Ti，密度4.506g/cm^3，熔点1668℃。钛是1791年由格雷戈尔（William Gregor）在英国康沃尔首次发现，并以希腊神话中的泰坦（Titanic）命名。钛具有金属光泽、良好的耐腐蚀性及可塑性，它的可塑性取决于纯度，纯度越高可塑性越强，同时它还有高强度和重量轻等特性，它的强度是金属之首，所以通常被用于航空材料、防火器材和制造汽车等。

铌（Niobium）是一种呈灰白色的金属，化学符号Nb，密度8.57g/cm^3，熔点2468℃。铌和钛一样都有非常高的熔点，耐热性极强，所以通常被用于航空材料，在日常产品中也会用来制作眼镜和首饰。

钛和铌的熔点都很高，可以通过加热让金属表面形成一层氧化物来改变其颜色，例如，当钛的温度在300℃时，表面会呈黄色，400~450℃时呈紫色，500℃时呈蓝色，550℃呈浅蓝色，600℃呈深灰色，700℃呈黑色（图3-16）。一些艺术家会使用这种特性来制作钛和铌的刀具、容器和首饰。例如有着40年当代首饰研究经验的西班牙艺术家佩德罗·塞奎罗斯（Pedro Sequeros），他尝试了钛和铌这两种耐火金属，在不同温度下得到了金属上彩虹般的颜色，为了使这些颜色更加突出，他使用了黑色的有机玻璃镶边（图3-17）。

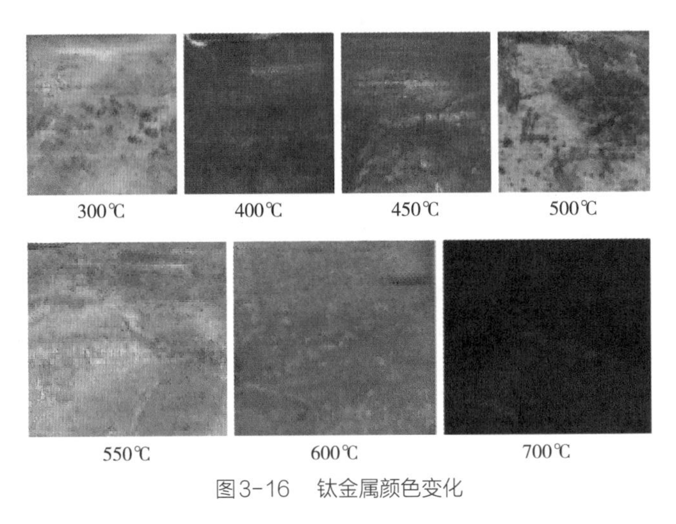

图3-16　钛金属颜色变化

图3-17　吊坠，佩德罗·塞奎罗斯，铌、钛、有机玻璃

与铝相同的是钛和铌也可以通过阳极氧化着色，在成型加工方面也多采用锻敲成型、工业铸造、车削和CNC数控成型等方法。

钛的阳极氧化染色是通过直流电流与电解液处理形成的薄氧化层，通过在钛合金上施加更高的电压来获得不同的颜色。图3-18所示为不同电压在钛金属上形成的颜色，在创作时和选择电源时都可以作为参考。

钛的阳极氧化染色需要的工具和材料有电源、电解液、丙酮或酒精、蒸馏水、金属棒（金属块）、钛金属丝等。

钛的阳极氧化染色制作过程：

（1）清洁。首先需要用丙酮或酒精清洁钛金属表面，去除油渍或污垢，清理后将钛金属浸入蒸馏水中清洗，然后使其干燥。

（2）制作电解液。电解液可以使用小苏打调配，蒸馏水和小苏打的比例大约是8：1（参考值），也有使用1%硫酸和99%蒸馏水混合的电解液。

（3）连接电源的正负极。电源的负极一端连接一根金属棒或金属块（如钛、不锈钢、锡纸或铜等），电源正极连接在需要阳极氧化的钛金属上，也可以连接在钛金属丝或金属钩上，方便固定钛金属（图3-19）。

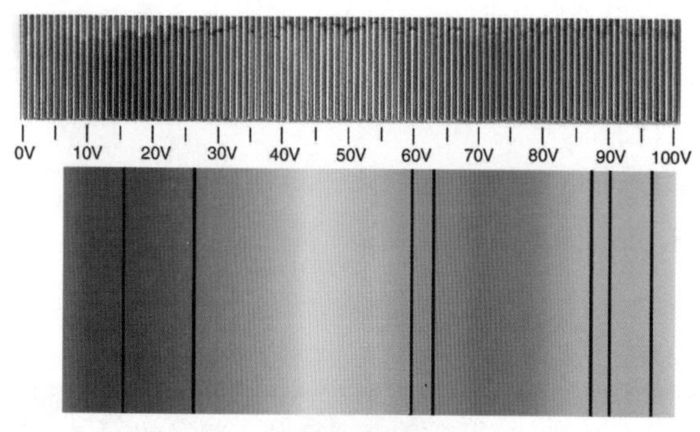

图3-18 钛金属阳极氧化颜色参考图

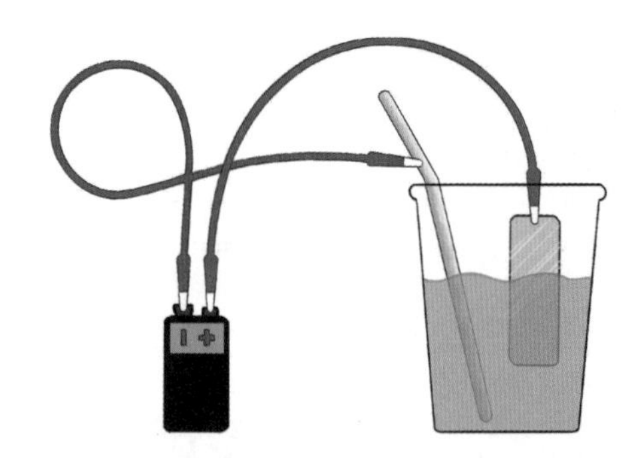

图3-19 钛的阳极氧化示意图

（4）阳极氧化处理。将正负极连接的金属放入电解液中，注意两块金属不要碰在一起，会造成短路。根据需要的颜色调整电源的电压，打开电源，得到颜色后先将电压降低0.2A以下再将钛金属捞出。

（5）将钛金属清洗干净，干燥。

同材质产品设计案例如图3-20~图3-25所示。

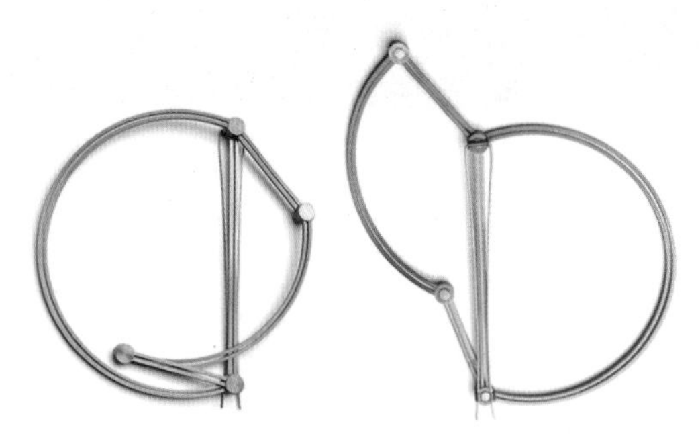

图3-20 “环”胸针，玛丽娜·希蒂科夫（Marina Sheetikoff），铌，2016年

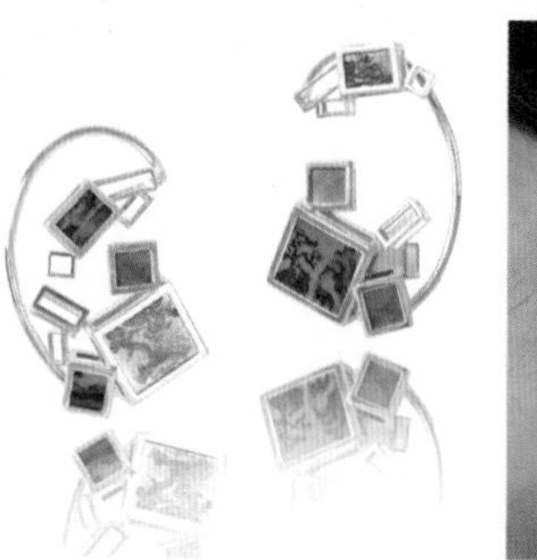
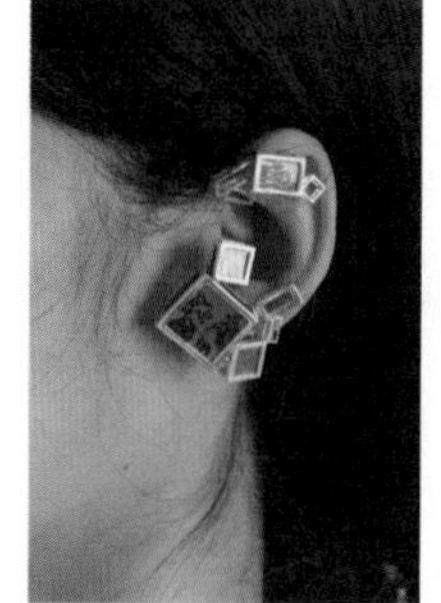

图3-21 “光伏”耳环，王富豪，925银、钛

图3-22 项链，弗赫尼尔（Vhernier），钛、钻石

图3-23 “为你倾心”手镯，苏珊·塞兹（Suzanne Syz），钛、钻石

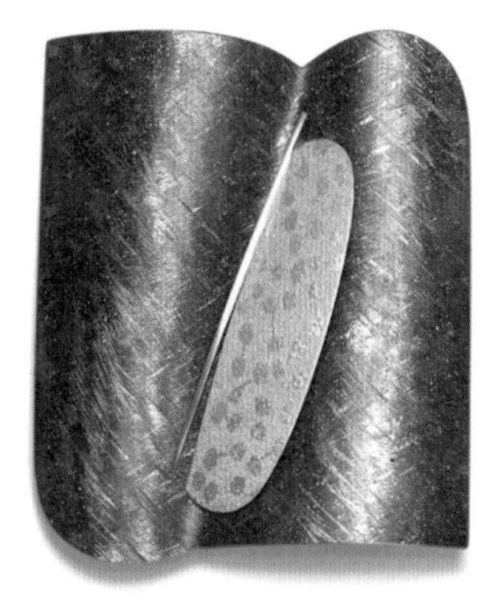

图3-24 胸针，杰奎琳·米娜（Jacqueline Mina），钛、黄金和铂金

图3-25 大象胸针，JAR，钛、钻石、蓝宝石

第四节 铁

铁是一种常见的金属，化学符号是Fe，密度7.86g/cm^3，熔点1538℃。铁主要来自赤铁矿和磁铁矿。考古学家认为铁的使用历史已经有5000多年了（杰斐逊实验室）。人类已知的一些最古老的铁是从天而降的陨石，陨石是铁、镍和钴的混合物，其中含铁量极高。在《考古科学杂志》（*Journal of Archeological Science*）2013年发表的一项研究中提到，研究了公元前3200年左右的古埃及铁珠，发现它们是由铁陨石制成的。在我国，铁器被普遍使用是在战国时期到东汉初年。纯铁呈白色或银白色，有金属光泽，纯形态时容易受到潮湿空气或高温的侵蚀，铁矿石在接触氧气时会氧化或生锈。铁有良好的延展性和导电、导热性能，有很强的铁磁性。铁常被用于工业中，被人们认为是比较廉价的材料，较少用于首饰和工艺品制作，目前比较熟知的是我国古代的鋄（jian）金工艺、日本的布目象嵌以及朝鲜的“入丝”

工艺，都是用铁来制作刀具、首饰或工艺品。然而目前也只有日本的布目象嵌得到了很好的传承。

布目象嵌是日本金属象嵌工艺中的一种，金属象嵌在本书的第二章第四节第六部分的金属象嵌（打迁）已有介绍。布目象嵌因在制作时使用的“发路”形成了网格齿状纹路，在视觉上与布纹或织物纵横交错的效果相似，故此得名。布目象嵌分为“京象嵌”和“肥后象嵌”两种派别，在技法上两者基本相同，只是在地区和器物的风格上有所区别。“京象嵌”中的“京”是指京都，作为日本曾经的首都，京象嵌早期服务于皇室和贵族，常见于盘、壶和鼻烟壶等生活器具上。京象嵌传入肥后（现熊本县）后，因其最初服务于武士阶层，多出现在刀具和刀镡上，逐渐形成了具有自我风格的“肥后象嵌”（图3-26）。1878年，巴黎世界博览会上日本的手工制品收获了好评，出现了出口热潮，以此为契机不少象嵌工艺师开始制作摆件、饰品和花瓶等迎合欧洲市场（图3-27）。布目象嵌在材料的选择上更加多元化，除铁之外，常见的材料还有胧银（铜三银一的合金）和赤铜，在97%的铜中加入3%的黄金，即为赤铜。

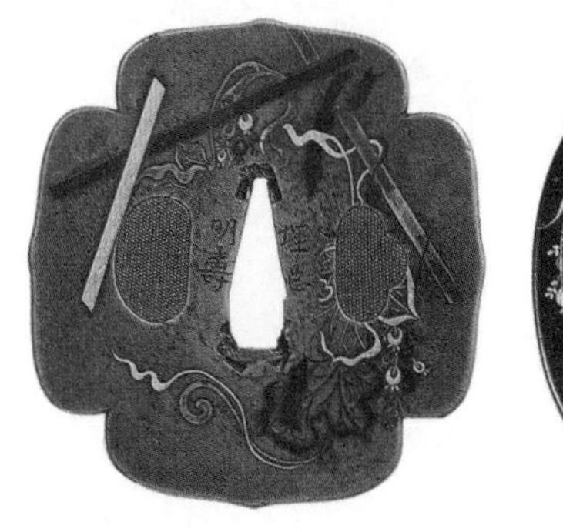

图3-26　象嵌刀镡，埋忠明寿

图3-27　铁地金银象嵌人物图大装饰盘，驹井音次郎，1876~1885年，直径55.1cm，1999年被认定为日本国宝，现藏于东京国立近代美术馆

布目象嵌的工艺步骤依次为：底板制作、上松脂、凿纹、入嵌、长锈、止锈、上色（烤漆）和研磨。首先使用铁制作底板，如需要镂空的部分先镂空，底板制作好后固定在加热后的松脂上，待温度冷却后将铁底板表面清理干净；凿纹是布目象嵌的关键步骤，用平口直线錾在底板上打出“发路”，即横、纵、斜三个方向的细密网状齿纹，每1cm^{2}中包含纵横斜约7~8条，500余目，发路越细密，在其上形成的纹饰图案越精致牢固（图3-28）；入嵌，嵌入底板的金或银片厚度为0.03~0.04mm，可以用型錾在铅锭上冲出常用的花瓣或叶子等造型，快速且标准化成型。将入嵌物置于底板上，用鹿角或动物骨质物制成的錾具轻抵于其上，使用小铁锤击打使其嵌入底板。由于入嵌物厚度极薄，鹿角或骨质物可以避免锤子与铁制底板的直接接触，起到保护作用，此步骤需要有序地均匀轻击（图3-29）。入嵌物

完全入嵌后，使用钢针去除多余的发路；长锈，将象嵌物涂满氧化剂溶液（锈液）进行烘烤，再热浸于氧化剂溶液，反复此步骤直到铁质表面产生均匀的红色氧化层；止锈，象嵌物冷却后，将其置入煮沸的茶水中，煮沸片刻后茶中的单宁与表面氧化层中的铁离子结合，形成墨绿色或黑紫色的络合物；上色，将象嵌物上漆后在火上焙烤，该工序反复3~4次；研磨，用玛瑙刀或刮刀对金银图案部分进行研磨。最后可根据需要通过雕金加工增加图案的立体感。

一些当代的首饰艺术家会利用铁易于氧化或生锈的特性来制作独特的首饰（图3-30~图3-34）。

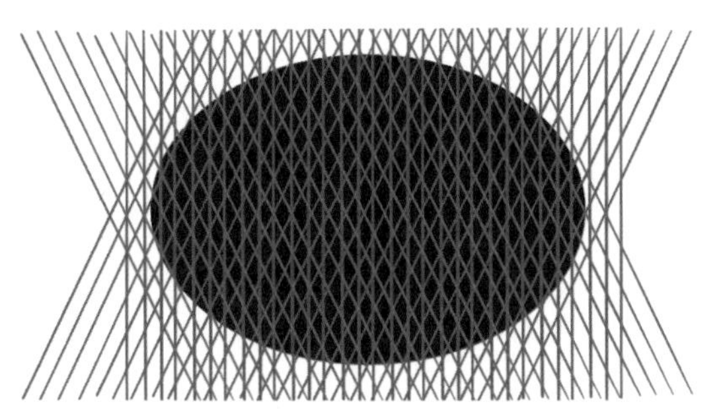

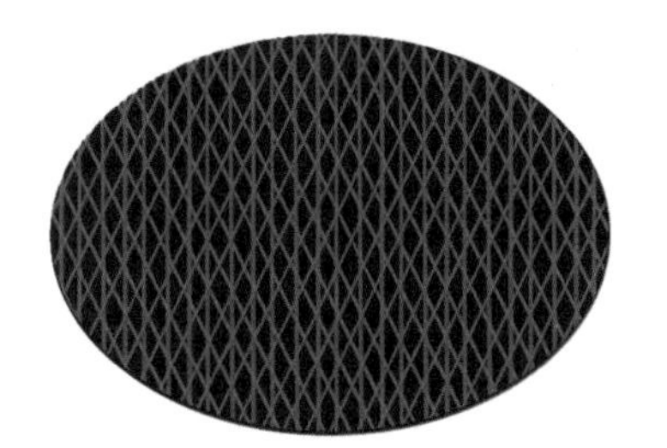

图3-28 细密网状齿纹“发路”

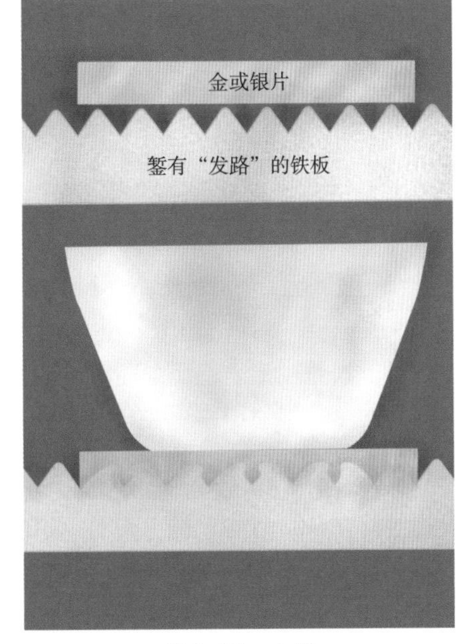

图3-29 入嵌

图3-30 耳环及胸针，中嶋象嵌，铁、金、生漆

图3-31 胸针，尼古拉斯·瓦尼（Nicholas Varney），陨碳铁、钻石、蓝宝石和金

图3-32　胸针，蒂埃里·文多姆（Thierry Vendome），蛋白石、铁锈、黄金

图3-33　“地球护理#1”胸针，亚斯明·维诺格拉德（Yasmin Vinograd），银、铁、铜、铜绿、不锈钢、树脂、油漆

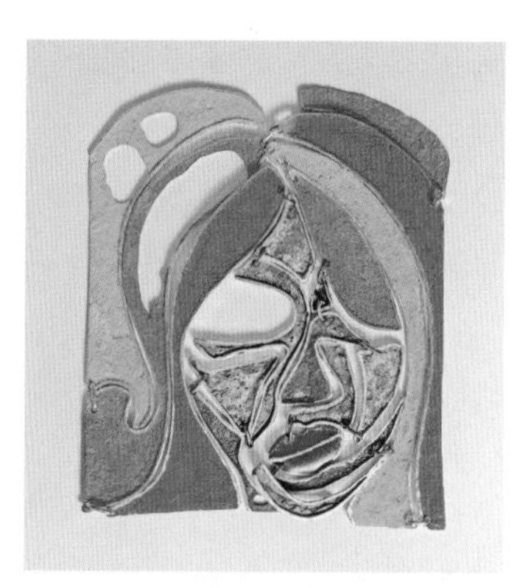

图3-34　“贝蒂”项链，科尔斯顿·普朗克（Kirsten Plank），银、铁锈、颜料

第五节　钢

钢是铁碳合金的统称，含碳的百分比在0.02%~2.11%。钢自文艺复兴时期就被人们所知，但当时难以大量生产，直到19世纪贝塞麦炼钢法（Bessemer Process）的发明，通过氧化去除铁中的杂质，钢得以批量生产。钢的价格低廉，性能可靠，现在成为最常见的建筑和制造业的材料。钢是非常坚硬的金属，它的硬度取决于碳的含量，含碳量越高越坚硬，如高碳钢中碳的含量在0.6%以上，适合制作工具或刀具。由于这样的特性制作钢的首饰具有一定的局限，通常会用来制作别针和弹簧。钢的整体热处理包括退火、正火、淬火和回火。钢的熔点很高，不锈钢是1450℃，工具钢（碳钢或银光钢）是1200℃~1400℃，软钢是1300℃~1500℃，所以在焊接时需要高温的焊药，也可以进行点焊。除此之外，钢的常用加工方法还有剪切、硬化、锡焊、蚀刻（酸液蚀刻）、抛光，以及燃气焊炬、氧乙炔焊炬和窑炉加热做锈等。首饰设计师也根据钢的特性进行了诸多实践，如首饰艺术家谢尔盖·吉维廷（Sergey Jivetin）这款名为“螺纹和漩涡”的手镯使用了不锈钢和首饰制作工具锯条，对钢材料的特性进行了尝试，让其更具工艺性和创意性（图3-35）。

图3-35　“螺纹和漩涡”手镯，谢尔盖·吉维廷（Sergey Jivetin），首饰锯条、不锈钢

其他设计作品示例如图3-36~图3-40。

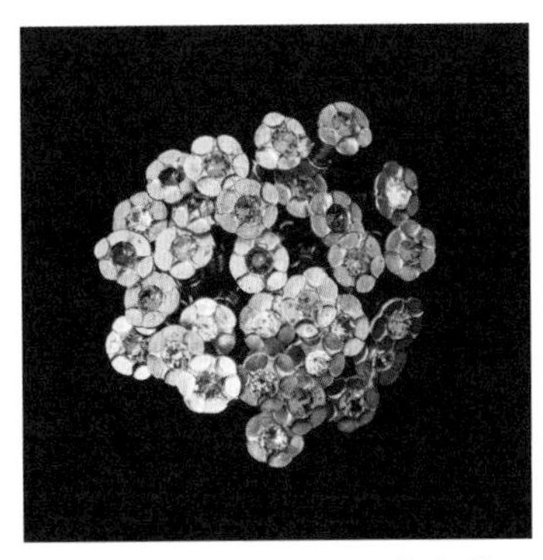

图3-36 胸针，汉斯·斯托弗（Hans Stofer），钢、施华洛世奇水晶，图片来源：杰恩·劳埃德（Jayne Lloyd）

图3-37 “扭曲的圆”胸针，吉里·西博尔（Jiri Sibor），钢、玻璃，冷接

图3-38 胸针，米里亚姆·希勒（Miriam Hiller），不锈钢、颜料

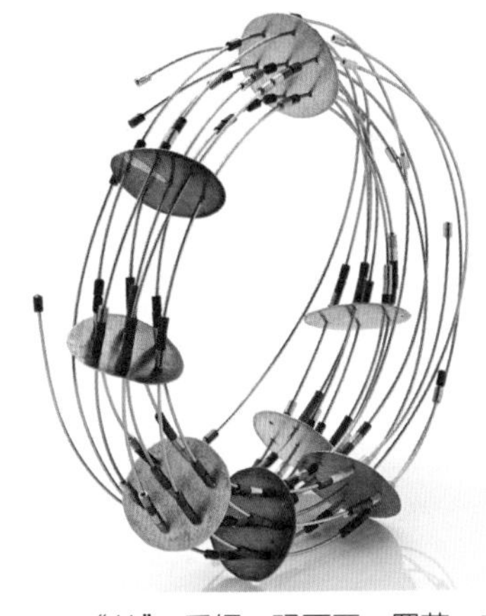

图3-39 “丝”，手镯，玛丽亚·罗莎·弗兰津（Maria Rosa Franzin），金、银、优质钢

图3-40 “朝花夕拾”，马佳寅，纯银、925银镀金、不锈钢、珐琅、低温珐琅、雪纺布

思考题

1. 首饰常用的非贵金属有哪些？
2. 首饰制作常用的铜的种类有哪些？
3. 铝可以通过怎样的工艺进行染色？
4. 什么是阳极氧化？
5. 铝的染色与钛、铌的染色过程有何区别？
6. 钛在成型加工方面多采用哪些工艺？
7. 布目象嵌一般以哪种金属为底？
8. 钢的加工方式有哪些？

工艺练习

*根据需要选择某一两种工艺练习。

1. 紫铜、黄铜及白铜首饰制作练习。
2. 铝染色练习。
3. 钛染色练习。

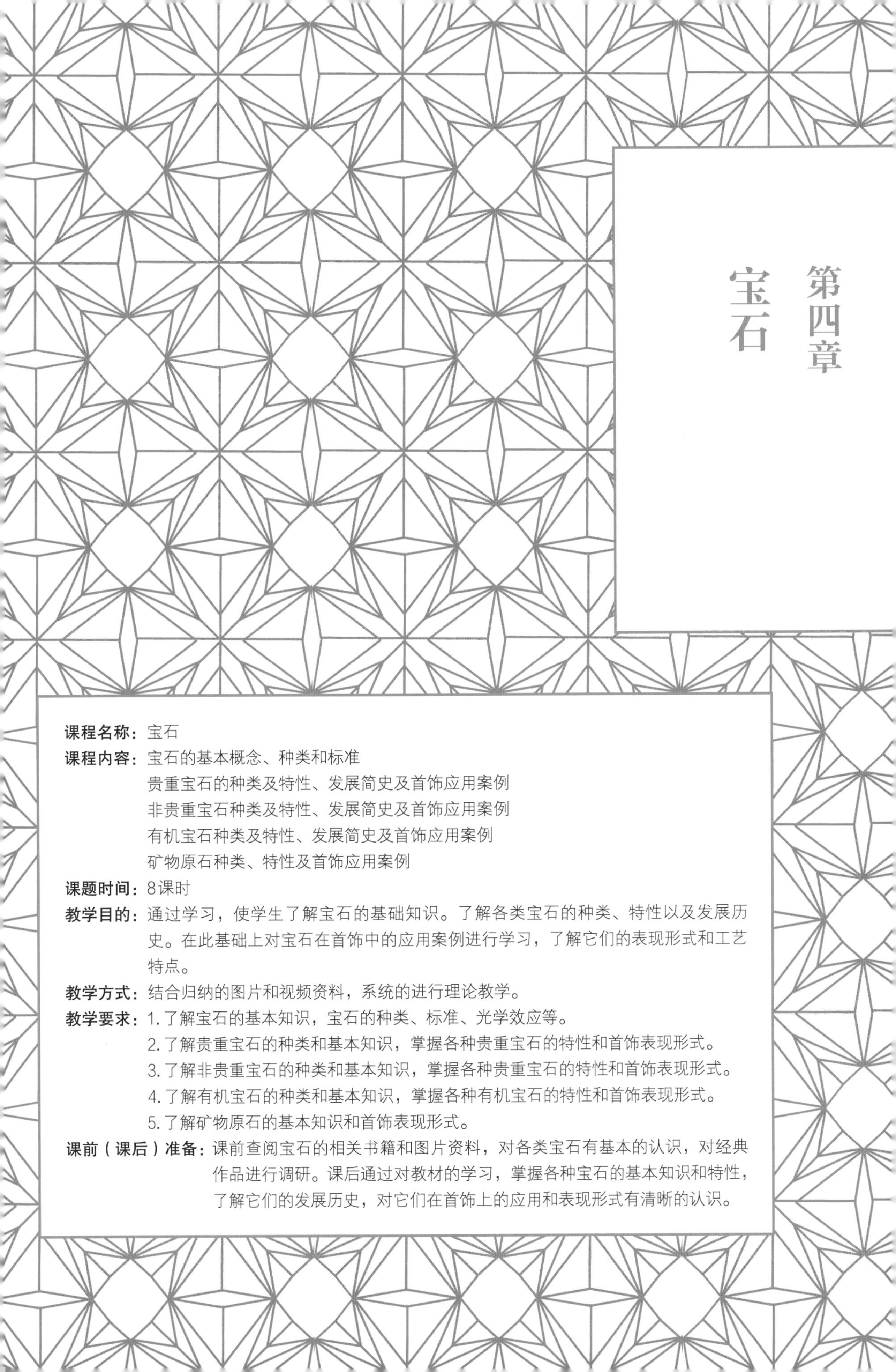

第四章 宝石

课程名称： 宝石

课程内容： 宝石的基本概念、种类和标准

贵重宝石的种类及特性、发展简史及首饰应用案例

非贵重宝石种类及特性、发展简史及首饰应用案例

有机宝石种类及特性、发展简史及首饰应用案例

矿物原石种类、特性及首饰应用案例

课题时间： 8课时

教学目的： 通过学习，使学生了解宝石的基础知识。了解各类宝石的种类、特性以及发展历史。在此基础上对宝石在首饰中的应用案例进行学习，了解它们的表现形式和工艺特点。

教学方式： 结合归纳的图片和视频资料，系统的进行理论教学。

教学要求： 1. 了解宝石的基本知识，宝石的种类、标准、光学效应等。

2. 了解贵重宝石的种类和基本知识，掌握各种贵重宝石的特性和首饰表现形式。

3. 了解非贵重宝石的种类和基本知识，掌握各种贵重宝石的特性和首饰表现形式。

4. 了解有机宝石的种类和基本知识，掌握各种有机宝石的特性和首饰表现形式。

5. 了解矿物原石的基本知识和首饰表现形式。

课前（课后）准备： 课前查阅宝石的相关书籍和图片资料，对各类宝石有基本的认识，对经典作品进行调研。课后通过对教材的学习，掌握各种宝石的基本知识和特性，了解它们的发展历史，对它们在首饰上的应用和表现形式有清晰的认识。

第一节 宝石概述

宝石是人们用来装饰、收藏或投资的矿石或无机物质。除了与动植物相关的珍珠、珊瑚、琥珀、玳瑁和象牙等有机宝石以外，其他的宝石都属于矿石。宝石通常都具有美观、坚硬、稳定性和稀有的特质，这些是衡量宝石贵重与否的基本标准。

目前公认的贵重宝石是钻石、红宝石、蓝宝石和祖母绿。这几种宝石都具有亮丽的色泽、坚硬的质地和产量稀少等特征，在宝石市场上的价格也一直居高不下。除以上几种宝石以外的其他宝石被统称为非贵重宝石，也有称为半宝石。常见的有海蓝宝石、电气石、黝帘石、石榴石、欧泊、尖晶石、石英、变色水铝石、橄榄石、锆石、玉、珍珠、琥珀、珊瑚和贝壳等。

宝石自古以来一直是珠宝首饰重要的材料之一，有着悠久的历史，早在公元前7500年就有石英制成的护身符。镶嵌工艺是制作宝石首饰的重要工艺，镶嵌的方法有很多种，比较常见的是爪镶、包边镶、槽镶、打孔镶等。详情见第二章第四节贵金属的常用制作方法中的镶嵌部分。

宝石的光泽有金刚光泽、玻璃光泽、油脂光泽、蜡状光泽、金属光泽、半金属光泽、珍珠光泽、丝绢光泽、树脂光泽等。

宝石硬度的衡量标准是摩氏硬度（Mohs' Scale of Hardness），符号HM。它是1824年由德国科学学家腓特烈·摩斯（Frederich Mohs）提出的。摩氏硬度是指将棱锥形金刚钻针刻划在矿石表面，根据划痕的深度来检测它抵御划痕的抗力。摩氏硬度标准列出了10种矿物的等级，等级越高硬度越强。通常所指的宝石是摩氏硬度等级大于7的矿石，坦桑石（硬度6.5）例外。摩氏硬度7是区分软宝石与硬宝石的分界线。宝石摩氏硬度如表4-1所示。

表4-1 宝石摩氏硬度

摩氏硬度等级	矿物
硬度等级1	滑石（Talc）
硬度等级2	石膏（Gypsum）
硬度等级3	方解石（Calcite）
硬度等级4	萤石（Fluorite）
硬度等级5	磷灰石（Apatite）
硬度等级6	正长石（Feldspar，Orthoclase，Periclase）
硬度等级7	石英（Quartz）
硬度等级8	托帕石（Topaz）
硬度等级9	刚玉（Corundum）
硬度等级10	金刚石（Diamond）

宝石同时也具有光学现象，如星光效应、猫眼效应、丝光、晕彩、砂金效应、虹彩、变色效应、拉长石晕彩、欧泊变彩、珍珠光泽和珍珠虹彩（表4-2）。

表4-2 宝石的光学现象

光学现象	图示	解释
星光效应（Asterism）		宝石上的星状光芒，根据宝石晶系的不同可呈现四射星光或六射星光，有时还有十二射星光，为了更好地表现星光一般被打磨成弧形。具有星光效应的宝石有刚玉、电气石（碧玺）、尖晶石、绿柱石等
猫眼效应（Chatoyancy）		猫眼效应一般指金绿石，与星光效应相似，只是呈现的星光是一条。有些宝石也有这种效应，要在Chatoyancy后面加上宝石名字，否则会默认为金绿石
丝光（silk）		丝光与星光和猫眼效应类似，这类宝石内部因对光的反射量小而产生了随机分布的针状光学效应，有些红、蓝宝石有这种丝绢效果，例如缅甸的红宝石的丝绒质感
晕彩（Adularescence）		晕彩是月光石的典型效应，在弧面月光石上会有蓝白色的晕彩效应
砂金效应（Aventurescence）		砂金效应是由宝石内部包裹体反光形成的小点，在光线下反射会有闪闪发光的效应，例如砂金石
虹彩（Iridescence）		虹彩的形成是因为宝石上裂纹或断面反射出的彩色光，例如火玛瑙
变色效应（Color Change effect）		宝石在不同的光线下形成了变色的效果。例如亚历山大石，在人工光源下呈红色，在阳光下呈绿色。石榴石和蓝宝石也有这种效应
拉长石晕彩（Labradorescence）		拉长石上有着层状生长纹或片状的结构，颜色一般呈绿色和蓝色
欧泊变彩（Opaliscence）		欧泊变彩是光照在欧泊内二氧化硅形成的反射、衍射和干涉而形成的丰富色彩
珍珠光泽—珍珠虹彩（Orient-Pearl Iridescence）		珍珠光泽是光照在珍珠上受到质层干涉所形成的光效。珍珠光泽可以呈彩虹色彩

宝石的琢型是指宝石原石经过切割琢磨后形成的造型，分为刻面和弧面（素面）两种。刻面宝石是指在原石上切割琢磨出多个刻面，这些刻面是经过精确计算的、具有一定规律的几何多面体，当光透过这些刻面时，可以折射和反射出光芒，这些光学现象能更好地体现宝石的美丽色泽，增加亮度和火彩。宝石有透明、亚透明、半透明和不透明几种，它的透明性取决于光透过宝石的量和质，所以刻面琢型最适合透明的宝石。刻面宝石的琢型有圆形、方形、椭圆形、梨形（水滴形）、榄尖形（马眼形）、心形和三角形等（图4-1）。弧面（素面）琢型更适合亚透明、半透明和不透明几种类型的宝石，尤其适合一些具有特殊光学现象如星光效应、猫眼效应和变彩效应等的宝石。琢型的宝石表面呈弧形的凸起，腰形和截面是流线型的，一般底面是平的，也有弧形，它的特点是能够提高宝石颜色的浓度，使宝石看起来具有更高的饱和度。弧面宝石的琢型有圆形、椭圆形、水滴形、方形等（图4-2）。

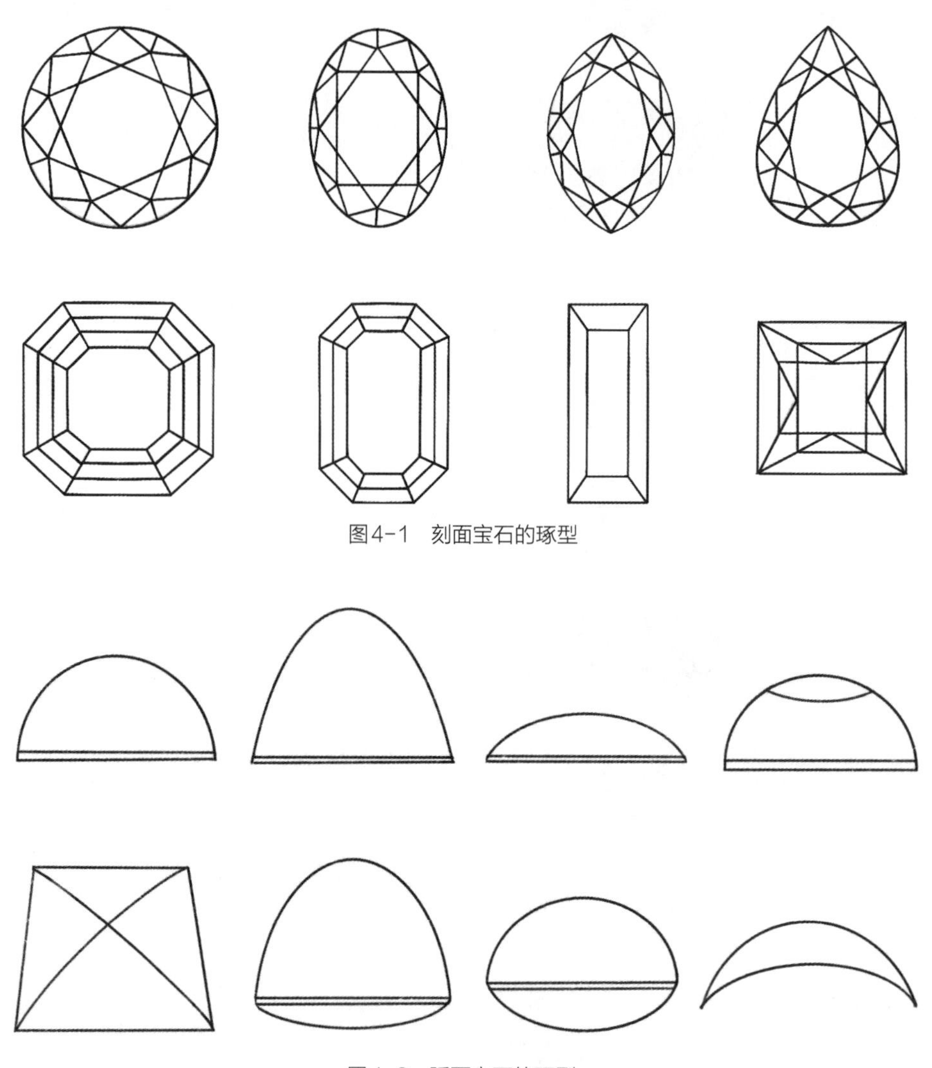

图4-1　刻面宝石的琢型

图4-2　弧面宝石的琢型

第二节 贵重宝石

一、金刚石

金刚石（Diamond）是一种天然矿物，经过琢磨制成钻石，目前是世界上最坚硬的宝石，它是由碳元素组成的天然晶体，摩氏硬度10，折射率2.417。大多数人认为钻石是无色的，实际上它有各种颜色，如黄色、绿色、粉红色、蓝色、紫色、褐色、橙色、黑色以及罕见的红色（图4-3）。几种颜色也可以通过辐照和热相结合的处理方式产生。

图4-3 钻石颜色图谱

注 红色钻石最为稀有，因此价格最昂贵，图示中的这颗红钻是穆沙耶夫（Moussaieff）红钻，5.11克拉，内部无瑕疵。在2008年以800万美元（每克拉160万美元）的价格售出。

早在公元前800年钻石就被制成护身符。3000前印度是钻石的唯一产地，直到1700年左右印度钻石的产量逐渐减少，1725年巴西发现了钻石，并迅速成为最大的钻石产地，1866年，南非也发现了钻石，1888年戴比尔斯联合矿业有限公司成立（De Beer's Consolidated Mines，Ltd）并在100多年后仍然控制着世界上80%的钻石交易。目前钻石的产地遍布世界各地，比较知名的是非洲、澳大利亚、印度和加拿大。

钻石的评定标准有四个维度，重量（Carat）、净度（Clarity）、颜色（Colour）和切工（Cut），也就是人们常说的4C。它是由美国宝石学院（GIA）制定的，是目前世界上比较公认的钻石评定标准。

（一）重量

宝石的重量用克拉表示，常有人误解克拉代表着大小，实际它代表的是重量，1克拉（ct）=0.2克（g）。

（二）净度

净度指的是钻石中内含物的大小、数量和位置。在十倍的显微镜下观察钻石内部越干净等级越高，瑕疵越多或位置越明显等级越低，相应的价格也会越低。净度分为FL、IF、WS1、WS2、VS1、VS2、SI1、SI2、I1、I2、I3等级（表4-3）。

表 4-3　钻石净度等级

净度等级	英文解释	中文解释
FL	Flawless	无瑕疵
IF	Internally Flawless	十倍放大镜下无瑕疵但表面有轻微的划痕
VVS1	Very Very Slight	十倍放大镜下非常非常小的瑕疵
VVS2	Very Very Slight	瑕疵等级略低于VVS1
VS1	Very Slight	十倍放大镜下有瑕疵，但肉眼难见
VS2	Very Slight	瑕疵等级略低于VS1
SI1	Slight Inclusions	肉眼可见的小瑕疵
SI2	Slight Inclusions	瑕疵等级略低于SI1
I1	Imperfect	肉眼可见的瑕疵
I2	Imperfect	瑕疵等级略低于I1
I3	Imperfect	瑕疵等级略低于I2

（三）颜色

这里的评定标准一般指的是无色钻石，有色钻石稀有且价格昂贵，尤其以红色钻石最为珍贵。在无色钻石的评定中无色为最优，色调越深代表等级越差，一般等级从高到低分为12个级别，用D~N和<N来表示，但一般在K级别以下的钻石偏黄，不具有收藏价值，故表4-4钻石颜色等级表中没有列出。

表 4-4　钻石颜色等级

等级		颜色
无色级别	D	极白
	E	优白
	F	优白
接近无色级别	G	白
	H	白
	I	微黄白
	J	微黄白

（四）切工

钻石的切工也是影响其质量的重要参数之一，切工需要切割和抛磨钻石，让其最大限度地表现钻石台面的大小以及完美的光线反射。常见的钻石切工有圆形、椭圆形、祖母绿形、公主方形、心形、梨形、榄尖形和长形切工等。切工的等级从Excellent（完美）到Poor（差）五个级别。

表 4-5　钻石切工等级

等级	Excellent	完美
	Very Good	很好
	Good	好
	Fair	一般
	Poor	差

其他设计作品如图4-4、图4-5所示。

图4-4　戒指，梵克雅宝，D色3.26克拉梨形黄钻、白钻、白金

图4-5　甲虫胸针，劳伦兹·鲍默（Lorenz Baumer），白色及黑色钻石、白金

二、刚玉

刚玉（Corundum）的名称源自梵语“Kuruvinda”。刚玉是由铝和氧组成，这种结构极为紧凑和密集，这使得刚玉成为硬度极高的矿物。刚玉的硬度仅次于金刚石，摩氏硬度9，折射率1.762~1.770。刚玉类矿物颜色丰富，可以组成彩虹色，稳定性极佳，经久耐用，在这其中最有名的是珍贵的红宝石和蓝宝石。刚玉的主要产地有缅甸、泰国、柬埔寨、坦桑尼亚和美国蒙大拿州等。

（一）蓝宝石

蓝宝石（Sapphire），源于古法语的“Safir”，“Safir”一词可能是来自希腊语“Sappheiros”

和拉丁语“Sapphirus”。希腊人也曾用它形容青金石，青金石的使用历史在蓝色宝石中很悠久。大约在1800年，红宝石和蓝宝石才被认定为是同一类矿物，“Sapphire”指蓝色的刚玉。

蓝宝石的历史最早可以追溯到公元前7世纪，伊特鲁里亚（Etruscans）珠宝中的斯里兰卡蓝宝石是西方国家已知的最古老的蓝宝石来源。13世纪马可波罗游历至斯里兰卡，之后在他的书中曾对蓝宝石有着详细的描述。这些宝石通过今天的土耳其、伊朗、阿富汗和巴基斯坦到印度这样的贸易路线到达地中海文化。在中世纪，蓝宝石被认为可以保护佩戴者免受疾病和伤害。19世纪下半叶在澳大利亚、美国和印度发现了蓝宝石矿床，工业革命的新技术使采矿机械化，大幅提高了宝石产量。20世纪初，出现了合成蓝宝石，这是法国人奥古斯特·韦内尔（Auguste Verneuil）（1856~1913）在实验室里制造的。迄今为止，大多数合成蓝宝石依然使用Verneuil的方法。蓝宝石的热处理是种普遍现象，这使得一些低质量的宝石颜色更漂亮，更加畅销。蓝宝石的颜色有海蓝色、深钴蓝色、矢车菊蓝、皇家蓝和午夜蓝等。矢车菊蓝也被称为克什米尔蓝，是带有紫色调的深蓝宝石，其颜色艳丽，饱和度极高，也有将其形容为蓝丝绒，这种颜色被认为是蓝宝石中的最佳颜色。克什米尔蓝宝石最早是指产自印度克什米尔矿床的蓝宝石，现在其他产区的高质量蓝宝石也被称为克什米尔蓝宝石。皇家蓝的色饱和度高，但不如矢车菊蓝，颜色略偏暗，不带紫色调（图4-6）。午夜蓝的色调有些暗，显得稳重，比较受年长的人喜欢。

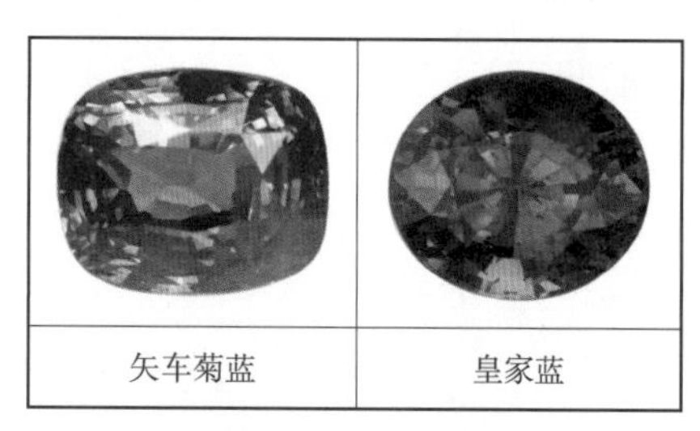

图4-6 矢车菊蓝与皇家蓝蓝宝石

在刚玉类矿物中，除了中等深度的红色到深红色和紫红色的刚玉外，其他颜色的刚玉也被称为蓝宝石，为了区分它们，在蓝宝石前面加上原有颜色的名称，例如粉红色蓝宝石、黄色蓝宝石、紫色蓝宝石和绿色蓝宝石等（图4-7）。无色的蓝宝石名为“Leuco-Sapphire”。在这其中也有例外，斯里兰卡的帕帕拉恰蓝宝石（Padparadscha）也被称为莲花蓝宝石，它的颜色非常特别，是介于红色和黄色间的混合颜色，多年来一直被西方宝石学家定义为是一种精致的粉红色橙色斯里兰卡蓝宝石。“Padparadscha”一词实际上是

图4-7 多色蓝宝石

梵语“Padmaraga”(padma = Lotus; raga = color),这种颜色类似于莲花,所以也被称为莲花蓝宝石,它被认为是最有价值和最美的刚玉宝石之一(图4-8~图4-9)。

其它蓝宝石饰品示例如图4-10~图4-13所示。

图4-8 帕帕拉恰蓝宝石原石

图4-9 戒指,大卫·莫里斯(David Morris),12.30克拉帕帕拉恰蓝宝石、钻石、白金

图4-10 戒指,苏珊·塞兹(Suzanne Syz),51.99克拉蓝宝石、粉色钻石、钛

图4-11 野花系列戒指,卡洛·帕尔米耶罗(Carlo Palmiero),蓝宝石、粉色蓝宝石、黄色蓝宝石、钻石、白金

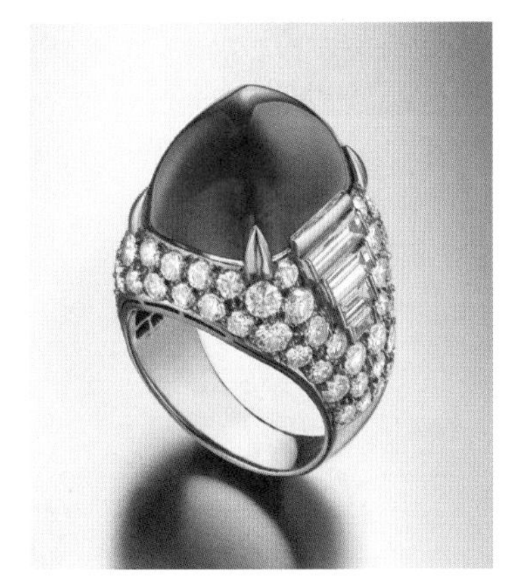

图4-12 戒指,宝格丽,蓝宝石、钻石、白金,20世纪30年代初制造,伊丽莎白·泰勒(Elizabeth Taulor)于1970年购买

图4-13 胸针,蒂芙尼(Tiffany & Co.),蓝宝石、白色及黄色钻石

(二)红宝石

刚玉矿物中,颜色为中等深度的红色到深红色和紫红色的宝石被称为红宝石(Ruby),它的主要成分是氧化铝(Al_2O_3),红色是因为含有铬(Cr)元素。含有颜色显得比较浅的红色,一般定义为粉红色蓝宝石。“Ruby”一词是来自拉丁语中的单词红色“ruber”。早在石器时代和青铜时代就曾在缅甸的抹谷(Mogok)矿区发现了开采矿石的工具,但由于考古调查的资料稀缺,无法了解当时红宝石的使用情况,红宝石的另一个古老的来源是斯里兰卡。古希腊人认为红宝石是一种能够存储热量的碳,如果放入水中可能会使水沸腾,所以视它为

珍宝。1世纪罗马学者普林尼（Pliny）曾提到，人们可以通过重量来判断红宝石和玻璃仿造红宝石的区别，真正的红宝石要重很多，并且他认为红宝石是具有性别的。红宝石和蓝宝石直到1800年左右才被认定是刚玉。红宝石的主要产地有缅甸、斯里兰卡、泰国、柬埔寨、马达加斯加、坦桑尼亚、莫桑比克、澳大利亚、阿富汗、巴基斯坦、中国和印度等。“鸽血红”色红宝石被认为是最上乘的红宝石，它的颜色是略带些蓝色调的正红色，主要产自缅甸和莫桑比克（图4-14、图4-15）。红宝石同样也可以通过热处理来优化颜色，在正规的鉴定书上都会标明，因为天然颜色的宝石和经过处理的宝石在价格上有着天壤之别。

图4-14 缅甸抹谷红宝石原石

图4-15 “鸽血红”色红宝石，莫桑比克

其他设计作品如图4-16、图4-17所示。

图4-16 胸针，劳伦兹·鲍默（Lorenz Baumer），红宝石、电气石、紫水晶、黄水晶、钻石、粉色蓝宝石、紫色蓝宝石、橙黄色蓝宝石、石英、白金、黄金

图4-17 戒指，卓贝尔工作室（Atelier Zobel），红宝石原石、绿钻、粉钻、黄金、银

三、祖母绿

祖母绿（Emerald）属于绿柱石家族（Beryl），它的主要成分是铍铝硅酸盐［$Be_3Al_2(SiO_3)_6$］，绿柱石家族中最常见的宝石是祖母绿和海蓝宝石。祖母绿鲜艳的绿色是

因为其中含有微量的铬元素（Cr）和钒元素（V）。祖母绿的摩氏硬度是7.5~8，折射率为1.577~1.583，“emerald”源于希腊文“Smaragdos”，是指绿色的宝石。祖母绿最早在3000多年前的古埃及东南部被发现，几个世纪以来，古埃及人、古罗马人和古希腊人一直在开采这些祖母绿矿，当今最好的祖母绿矿区是哥伦比亚的木佐（Muzo）矿区，它的历史可以追溯到16世纪西班牙殖民者抵达南美洲并开始与印度的莫卧尔人进行宝石贸易之前（图4-18）。俄罗斯、巴西、津巴布韦、坦桑尼亚、莫桑比克和赞比亚等地区也是祖母绿的产地。罗马学者普林尼（Pliny）是最早描写祖母绿的人物之一，他称赞这种宝石鲜艳的绿色象征着充满希望的美丽春天的到来。西方人会用它来纪念结婚20周年和35周年。祖母绿的颜色一般是指浅绿或深绿色调的绿柱石，略带黄或蓝色调，偏蓝的色调比偏黄的品相好。祖母绿的内含物有各种各样的包裹体，通过这些包裹体可以判断出产地，这些包裹体也被称为“祖母绿的花园”。虽然内含物会影响宝石的美观和价值，但是祖母绿这种独特的颜色、产量稀少和其优越的性能依然是最受欢迎和最具价值的宝石之一。祖母绿可以通过优化处理来解决裂缝的问题，浸油是最常用的处理方法，让油浸入宝石的缝隙中，这样可以保护宝石不开裂。除此之外，还有填充处理，但是祖母绿是不能加热处理的。宝石的切工中有一种以祖母绿命名的“祖母绿切工”，它是指外形呈矩形，亭部被切成长方形刻面，边和角都呈菱形的宝石。这样的切割能让宝石具有独特的光芒，给人古典而优雅的感觉。作品如图4-19、图4-20所示。

图4-18 哥伦比亚木佐祖母绿

图4-19 “世界之树”18世纪的嵌合式胸针，哥伦比亚祖母绿、黄钻、黄金、珐琅

图4-20 耳环，博戈西昂（Boghossian），祖母绿、钻石、白金

注 钻石和祖母绿采用了“亲吻钻石”（Kissing Diamonds）技术，通过精确的排列，将两颗祖母绿镶嵌在钻石上，这是博戈西昂的标志性技术。

第三节　非贵重宝石

一、海蓝宝石

海蓝宝石（Aquamarine）是绿柱石家族的成员之一，摩氏硬度是7.5~8，折射率是1.577~1.583。它的颜色如海洋般的蓝色，因此而得名。它的主要成分是铍铝硅酸盐，海蓝颜色的形成原因是其中含有微量的二价铁离子（Fe^{2+}）。关于海蓝宝石的历史最早的记录是在公元前480~前300年，古希腊人和古罗马人经常使用海蓝宝石进行雕刻。大多数的天然海蓝宝石是淡蓝绿色，所以海蓝宝石通常会进行热处理以去除其中的绿色，使它的蓝色稳定和长久。只需要将海蓝宝石加热到华氏800度，就可以去除绿色，蓝色越纯正，它的价值就越高。海蓝宝石与祖母绿不同，它的净度高，呈现的是透明至半透明的状态。海蓝宝石的产量高，经常能发现大块晶体的海蓝宝石，这也是它不能成为贵重宝石的原因之一。海蓝宝石的主要产地有巴西、尼日利亚、赞比亚、马达加斯加、莫桑比克、阿富汗和巴基斯坦。海蓝宝石饰品示例如图4-21~图4-25所示。

图4-21　青蛙护身符戒指，洛伦·妮可（Loren Nicole），海蓝宝石、黄金

图4-22　“现在和永远”项链细节，陈世英，海蓝宝石、紫水晶、钻石、蓝宝石、蛋白石

图4-23　项链，蒙斯泰纳工作室（Atelier Munsteiner），海蓝宝石、钻石、白金

图4-24　戒指，西奥·芬内尔（Theo Fennel），55.46克拉海蓝宝石、人造钻石、白金、黄金

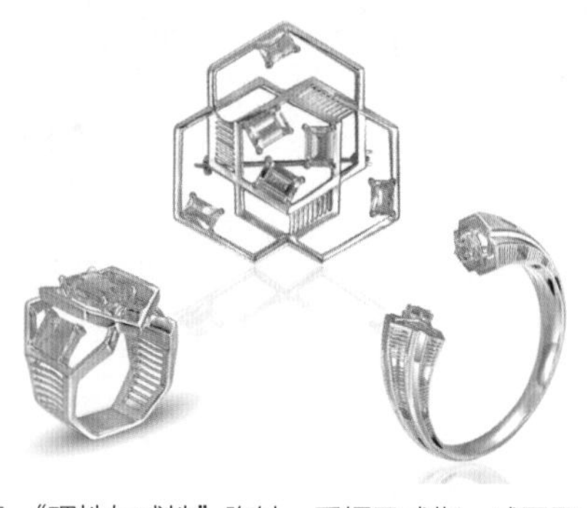

图4-25　“理性与感性”胸针、手镯及戒指，戚同熙，海蓝宝石、银镀18K白金

二、电气石（碧玺）

电气石（Tourmaline）是矿物中宝石颜色最丰富的矿物群，在中国清朝时被称为碧玺。摩氏硬度7~7.5，折射率1.624~1.644。它是一种硼硅酸盐结晶体，之所以呈现出各种颜色是因为其中含有的化学元素不同，例如，粉红色通常含有锰（Mn），绿色含有铁（Fe）、铬（Cr）或钒（V）。它的颜色通过加热或辐射可以改变。电气石最早是在厄尔巴岛发现，“Tourmaline”源自僧伽罗语单词“Turmali”，意思是“混合和未知的石头”（mixed and unidentified stones）。有传说在1703年，一包电气石被运到了荷兰的宝石匠那里，当几个孩子在阳光下玩这种石头时，发现它能吸附一些灰尘和稻草，这种发现激发了人们的好奇，并对多种宝石品种进行了测试，虽然很少有宝石具有这种热电性，但具有热电性的宝石却有彩虹一样多的颜色，经过了百年的时间人们才确定这些具有热电性的宝石是同一种矿物，就是电气石。当电气石加热时会吸引灰尘或其他轻质颗粒，这使得它除了是很好的首饰材料外，也具有电子和工业的用途。电气石有很多颜色，有些有着专有的名称（表4-6），颜色越浓艳它的价值越高。有些电气石也具有猫眼或变色的光学效应。电气石的主要产地有巴西、阿富汗、缅甸、印度、马达加斯加、斯里兰卡等。电气石饰品示例如图4-26~图4-31所示。

表4-6 电气石的名称表

电气石名称	颜色	图示	电气石名称	颜色	图示
Rubellite 红电气石	粉色到红色		Schorl 黑电气石	黑色	
Verdelite 绿电气石	绿色		Watermelon Tourmaline 西瓜电气石	绿色外围，粉红色核心	
Indicolite 蓝电气石	蓝色		Parti-Colored Tourmaline 杂色电气石	多色，一块石头中有多种颜色	
Achroite 无色电气石	无色		Paraiba Tourmaline 帕拉伊巴电气石	霓虹蓝和绿	
Dravite 钠镁电气石	棕色				

图4-26　耳环，梅丽莎·乔伊·曼宁（Melissa Joy Manning），黑碧玺、西瓜碧玺、14K金

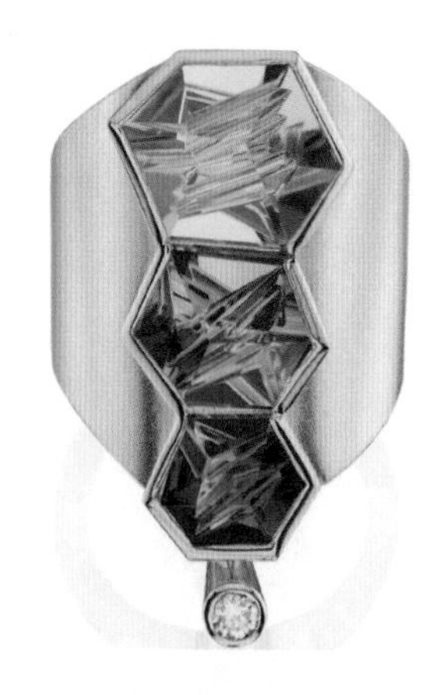

图4-27　戒指，蒙斯泰纳工作室（Atelier Munsteiner），电气石、钻石、黄金

图4-28　胸针，佛杜拉（Verdura），粉红色电气石、绿松石、黄金

图4-29　“美国遗产”系列，胸针，保拉·克里沃沙伊（Paula Crevoshay），电气石、黄金。电气石都来自加利福尼亚州著名的斯图尔特·利西亚（Stewart Lithia）电气石矿，由乔治·克雷沃沙伊（George Crevoshay）切割

图4-30　手镯，卓贝尔工作室（Atelier Zobel），73克拉电气石、香槟色钻石、黄金、铂金

图4-31　手镯，劳伦兹·鲍默（Lorenz Baumer），电气石、帕拉伊巴电气石、蓝宝石、黄色及橙色蓝宝石、海蓝宝、沙弗拉石、钻石、白金、钛

帕拉伊巴（Paraiba）电气石是电气石家族中最为特殊的品种，因其具有霓虹蓝和绿色而闻名。1989年它在巴西的帕拉伊巴州被发现，并因此而得名。这种电气石在邻近的北里奥格兰德州和非洲也有发现。铜元素是决定岩石颜色的重要因素之一，是帕拉伊巴电气石独特之处的所在。帕拉伊巴电气石因颜色特殊和产量稀少，目前是电气石家族中价格最昂贵的宝石（图4-32、图4-33）。

图4-32　戒指，博德尔斯珠宝（Boodles Jewellery），帕拉伊巴电气石、铂金、钻石

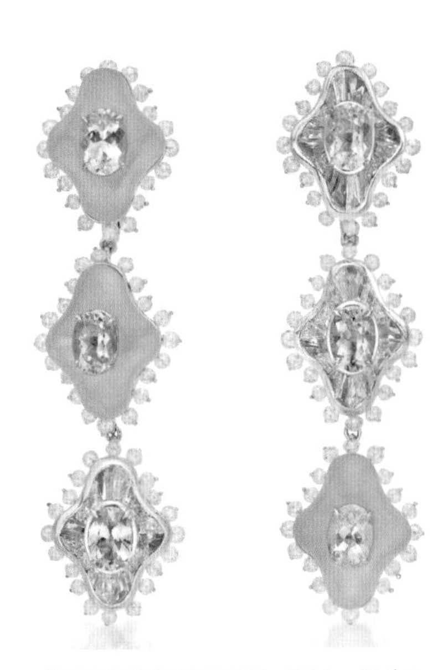

图4-33 《周而复始》系列耳环，莎拉·霍（Sarah Ho），莫桑比克帕拉伊巴电气石、海蓝宝、钻石、白金

三、黝帘石

黝帘石是以著名收藏家西格蒙德·佐伊斯（Sigmund Zois）的名字命名的宝石，1805年在奥地利的阿尔卑斯山脉佐伊斯发现了这种矿石，但当时还未能确定它是一种宝石。1954年，一块夹杂着不透明红宝石的绿色黝帘石标本，使得人们认识到这种矿石具有观赏性且可以作为宝石使用。黝帘石摩氏硬度是6~7，折射率是1.69~1.70，英文名为Zoisite。它的主要成分是硅酸盐。主要品种有坦桑石（Tanzanite）和锰黝帘石（Thulite）。

坦桑石是市场上非常受欢迎的宝石之一，它是一种紫罗兰蓝色的透明宝石，1967年在坦桑尼亚被发现，坦桑石必须是由坦桑尼亚的阿鲁希（Arushi）产出，蒂芙尼珠宝公司的董事长亨利·普拉特（Henry Platt）为这种宝石取名为“Tanzanite”。电影《泰坦尼克号》中的项链“海洋之心”的主石就是坦桑石。坦桑石是一种需要加热处理的宝石，处于原始状态时，它多呈现淡黄色、蓝色和淡红紫色。加热到华氏800~900度，棕色的色调会消除，紫罗兰的颜色会增加，并且这种颜色会永久地保留。坦桑石之所以没有蓝宝石那样贵重，主要是因为它的硬度较低，不过它美丽的颜色依然被大众喜爱，不少消费者喜欢把它当作蓝宝石的替代品（图4-34）。

锰黝帘石是一种粉红色至红色的不透明宝石，经常会与红土矿混淆。

图4-34 吊坠雕塑，奥内拉·伊安努齐（Ornella Iannuzzi），坦桑石、钻石，该作品获得2016年工艺和设计委员会奖金奖

四、石榴石

石榴石是一组矿物宝石的总称，英文名是Garnet。它主要包含了六个品种的宝石，分别是镁铝榴石（Pyrope）、铁铝榴石（Almandine）、锰铝榴石（Spessartite）、钙铁榴石（Andradite）、钙铝榴石（Grossular）和钙铬榴石（Uvarovite）（表4-7）。石榴石的组成成分比较复杂，主要是含硅酸铁铝、硅酸镁铝、硅酸锰铝或硅酸铝钙等的硅酸盐。摩氏硬度是6.7~7.5，折射率是1.74~1.89。

石榴石的历史悠久，早在古埃及、古希腊和古罗马时代就留存了石榴石首饰。它的名字来源于拉丁语单词“Granatas”，意思是谷物或种子，在中国古代也称其为紫牙乌。大多数人普遍认为石榴石是红色的，但实际上几乎每种颜色都有，其中最稀有的是蓝色。石榴石的颜色不同是由于其中含有不同的化学元素，例如镁铝榴石中含有铬和铁，所以颜色呈褐红色、紫红色（图4-35）；钙铬榴石中含有微量的钒和铬离子而呈现绿色（图4-36）。

在石榴石家族中有位特别的成员是沙弗莱石（Tsavorite），它是一种绿色含有铬或钒的钙铝石榴石，硬度7~8（图4-37、图4-38）。1967年被苏格兰地质学家坎贝尔·布里奇斯（Campbell Bridges）在坦桑尼亚发现，并将宝石带到纽约，1974年才被宝石学家正式认证。美国珠宝商蒂芙尼聘请坎贝尔担当顾问，发掘这款新宝石。1973年，蒂芙尼珠宝的董事长亨利·普拉特（Henry Platt）用宝石的发源地“沙弗国家公园”将其命名为“沙弗莱石”，并举行了推广活动，将这种宝石介绍给全世界。沙弗莱石通常较小，超过2克拉的只占2.5%左右，2006年末，一颗925克拉（185克）的沙弗莱晶体被发现。从次晶体切割出了一颗椭圆形的沙弗莱石，重325克拉（65克），是目前最大的一颗沙弗莱石。因沙弗莱石颗粒较小的特性，设计时多为小颗作为副石镶嵌在首饰上（图4-39）。大颗沙弗莱石因极为罕见，多配以钻石围绕周围（图4-40）。

表4-7 石榴石种类

名称	颜色	图示	名称	颜色	图示
镁铝榴石（Pyrope）	褐红色、紫红色		钙铁榴石（Andradite）	黄色、绿色、棕色、黑色	
铁铝榴石（Almandine）	红色、带有紫色色调的红色		钙铝榴石（Grossular）	绿色、黄色、黄绿色、褐黄色	
锰铝榴石（Spessartite）	黄橙色到红棕色		钙铬榴石（Uvarovite）	绿色	

图4-35 “北欧火之地”戒指，雷·萨伦特亚（Ray Salenteya），63克拉，石榴石原石、白金镀红色

图4-36 分体式鸡尾酒戒指，卡拉·罗斯·佩特拉（Kara Ross Petra），钙铬榴石、硅孔雀石、钻石、黄金

图4-37 沙弗莱石（原石）

图4-38 沙弗莱石（刻面）

图4-39 链条戒指，迈克尔·约翰（Michael John），沙弗莱石、澳大利亚欧泊、钻石、黄金

图4-40 吊坠，奥米·普莱奥（Omi Privé），主石8.54克拉沙弗莱石，18K黄金、106颗黄色钻石

五、欧泊

欧泊，英文为Opal，又名蛋白石或澳宝。Opal是从希腊语“Opallios”演变而来的，是指颜色的变化。欧泊与其他宝石不同，它不是晶体结构，而是由多水二氧化硅组成。它有玻璃或树脂光泽，摩氏硬度5~6，折射率1.37~1.50，含水量15%~20%。

欧泊最早在捷克的斯洛伐克矿山中发现，时间可以追溯到古罗马时代，不过由于当时边界的重叠，也有认为这些矿山是匈牙利的。直到1922年，这些矿山产量的下降，澳大利亚的欧泊才开始流行。目前，全世界有97%的欧泊产自澳大利亚，所以欧泊也被称为“澳宝”。其他的产地有墨西哥、巴西、埃塞俄比亚等。欧泊的品种有黑欧泊、白欧泊、透明到半透明的欧泊、火欧泊、砾石欧泊等（表4-8）。变彩效应是欧泊的特点之一，少数欧泊也有猫眼效应。变彩效应的形成是由于硅石在凝结的过程中，水分会逐渐减少而形成球状体，球状体周围附着小颗的硅石，它们有规则地排列在欧泊内部，这些规则排列产生的缝隙通过光学衍射分解了白光，从而产生了变彩效果。评定欧泊价值的标准主要看它颜色的浓度和分布，以及其变彩的效果。市场上普遍认为有着彩虹色变彩效应的欧泊品质最高，以紫、蓝和绿为底色的欧泊往往价格更高。欧泊通常是琢面的或雕刻的。新艺术运动时期的珠宝大师勒内·拉里克（Rene Lalique）非常擅长使用这种宝石，留下了许多经典之作（图4-41）。

表4-8 欧泊的品种

名称	图示	注释
白欧泊		耳环，沃洛欧泊（Welo Opal），欧泊、祖母绿、钻石
黑欧泊		吊坠，俄罗斯拉维耶尔，黑欧泊、白金、宝石、钻石，约1915年
火欧泊		手镯，保拉·克雷沃西（Paula Crevoshay），火欧泊、黄金、宝石

续表

名称	图示	注释
砾石欧泊		吊坠，安德鲁·格里玛（Andrew Grima），砾石欧泊、黄金、钻石，1972年

注 欧泊种类多样，图示只举例了其中部分颜色的欧泊。

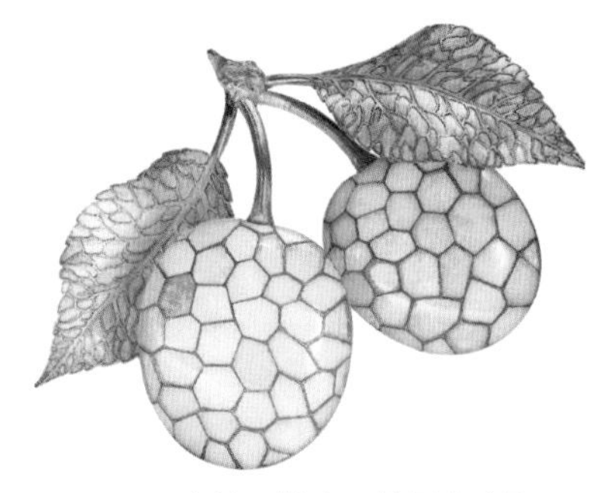

图4-41 胸针，勒内·拉里克（Rene Lalique），欧泊、绿色珐琅，1900年

六、尖晶石

尖晶石是一种镁铝氧化物组成的矿物，英文是Spinel，颜色丰富且具有耐用性。尖晶石实际上是一组矿物，其中含有铁、锰或锌等元素。因为含有的元素不同，使得尖晶石拥有不同的品种和颜色，颜色主要有红色、粉红色、紫色、橙色、黄色、深绿色、蓝色和黑色等（图4-42）。它的摩氏硬度是8、折射率1.718（+0.017，-0.008），它与钻石和萤石一样，晶体是完美的八面体。尖晶石最早被用作珠宝是在公元前100年左右，在阿富汗喀布尔的佛教陵墓中被发现的。早在公元前1世纪古罗马人也经常使用红色的尖晶石，后来他们将蓝色和绿色尖晶石带入英国。由于最早发现尖晶石的地区是红蓝宝石的矿区，它们有着相似的特性和相同的地质环境，所以几个世纪以来尖晶石一直与红蓝宝石混淆，例如英国女皇王冠上那颗重170克拉的红色宝石被称为“黑王子红宝石”（Black Prince's Ruby），后来被证实其实是红色尖晶石而非红宝石（图4-43）。直到18世纪下半叶，尖晶石和红宝石才被区分开来。尖晶石的主要产区有缅甸、斯里兰卡、柬埔寨、泰国、尼日利亚和阿富汗等。缅甸的尖晶石多为鲜红色、粉红色和橙色，偶尔也会发现紫色和深蓝色，它们与红宝石在缅甸的宝石沙砾层矿床中共生。斯里兰卡的尖晶石多带有紫色或者蓝色色调，也有粉红色和红色。非洲的尼日利亚尖晶石多为深蓝色。市场上普遍认为深红色到紫红色以及橙色的尖晶石是具有最高品质的（图4-44、图4-45）。

图4-42　缅甸抹谷（Mogok）尖晶石原石

图4-43　英国女皇王冠"黑王子红宝石"（Black Prince's Ruby）

图4-44　戒指，陈世英，12.88克拉尖晶石、钻石、粉色蓝宝石、陶瓷、钛

图4-45《香气》戒指，马顿·帕利斯（Mathon Paris），尖晶石、钻石、白金

七、石英

石英，英文名是Quartz，它是二氧化硅组成的矿物，是地球上最丰富的矿物之一，在珠宝首饰和日常生活中都会经常使用到它。它的摩氏硬度是7，折射率是1.544~1.553。石英的名字来自希腊语单词"Krustallos"，意思是冰，人们称为神的冰，认为将石英晶体含在嘴里可以止渴。石英的发现最早可以追溯到公元前75000年，人类已知的最早的护身符就是石英。在古代，日本人认为石英象征着信仰、纯洁、毅力和无限。欧洲人认为它们可以治愈疾病。人们也会用石英将阳光聚集在晶体上来点燃火焰。

石英具有多种结晶的形态，比其他矿物都要多。它分为单晶石英和微晶质石英。单晶石英包括水晶（Rock Crystal）、紫水晶（Amethyst）、黄水晶（Citrine）、烟晶（Smoky Quartz）、绿水晶（Prasiolith）和芙蓉石（Rose Quartz）等。除了芙蓉石以外，其他都为六方柱晶体。微晶质石英包括玉髓、玛瑙、红玉髓、缟玛瑙等，石英饰品示例如图4-46～图4-51所示。

图4-46　"摇滚复兴"耳环，安德鲁·格里玛（Andrew Grima），紫水晶、黄金、钻石，1971年

图4-47　项链，安德鲁·格里玛（Andrew Grima），黄水晶、钻石、18K黄金，1974年

图4-48 薰衣草胸针（三枚），卢兹·卡米诺（Luz Camino），紫水晶、黄水晶、树脂、珐琅、钻石、黄金、银

图4-49 开合戒指，弗拉基米尔·马金（Vladimir Markin），黄水晶、黄金

图4-50 “瀑布”胸针、吊坠，李霄煜，930银、水晶、锆石、白铜氧化、镀金、金箔

图4-51 “静物”胸针，乔治·多布勒（Georg Dobler），黄水晶、氧化银

八、变色水铝石

变色水铝石又称苏丹石，英文名是Zultanite，是具有变色效应的硬水铝矿石。在日光灯下通常呈黄绿色、棕绿色，白炽灯下呈橙粉色、棕红色（图4-52）。由于其具有多色性，当按照一定角度切割和打磨时，可以在同一颗宝石上看到两种颜色的存在，通常为黄绿色及深红色。硬水铝石在变质铝土矿中是较为常见的矿物，但是能达到宝石级别的硬水铝石只有土耳其的西南部门德列斯高地（Menderes Massif）的伊尔比尔（Ilbir）山上，海拔超过1219m。2005年，土耳其珠宝商人穆拉特·阿克根（Murat Akgun）获得了世界上唯一的变色水铝石矿区的开采权，为了区别于其他水铝石，并纪念曾经统治过奥斯曼土耳其帝国的苏丹王，穆拉特·阿克根将其命名为“Zultanite”，即苏丹石。变色水铝石的硬度为6.5~7.0，折射率为1.75，色散值为0.048，色散高，火彩很强。原石一般呈板状或片状，它和钻石有着

极为相似的解理，所以打磨时要非常小心，为了寻找晶体中最完美的部分进行切割，每一次打磨都有大量的原石耗损。颜色罕见、产量低和硬度适中这几项条件，让变色水铝石价格不菲，目前只有少数的珠宝品牌和独立设计师喜欢选用（图4-53）。

白炽灯下水铝石

日光灯下水铝石

图4-52　变色水铝石在不同光源下的变色效应

图4-53　“苏丹的茅”项链，斯蒂芬·韦伯斯特（Stephen Webster），96.20克拉的变色水铝石、18K白金、钻石

注　这颗变色水铝石的原石重达72.53克，宝石切割大师Stephen Kotlowski花了30小时才完成切割。

九、橄榄石

橄榄石，英文名是Peridot，是一种含有镁和铁的硅酸盐，它的母岩是地幔最主要的造岩矿物。虽然这种矿物非常常见，但能达到宝石级别的却很少。橄榄石的摩氏硬度是6.5~7，折射率是1.654~1.690。橄榄石的颜色变化比较小，主要是翠绿色、金黄绿色和浓黄绿色。橄榄石的历史可以追溯到3500年前，古埃及人制作并佩戴橄榄石珠子，这些橄榄石来自红海西部的扎巴贾德岛（Zabargad），它与埃及的港口城市贝伦尼斯（Berenice）相对，扎巴贾德岛曾是橄榄石的重要产地之一，出产宝石的颜色是呈中等略深的绿色。橄榄石的其他产地还有缅甸、巴西、澳大利亚、南非和美国等。橄榄石在古代曾被称为“太阳宝石”，人们想象它可以祛除邪恶的思想，为了更好地发挥它的力量，它必须与黄金镶嵌在一起（图4-54）。从19世纪中叶开始，橄榄石成为最受欢迎的宝石之一，在维多利亚时期和爱德华七世统治时期达到了顶峰。宝石市场上将橄榄石的品种分为三类，即翠绿橄榄石、贵橄榄石和黄绿色橄榄石。翠绿橄榄石的颜色是带有浅黄色调的中等到深色的绿色，贵橄榄石的颜色是浅黄绿色到绿色调的黄色，黄绿色橄榄石的颜色是深黄绿色到褐色调的绿色，有些几乎是褐色，通常色调越明亮品种越高。橄榄石是8月的诞生石，同时也会用于西方人结婚16周年的纪念（图4-55）。

图4-54 鹦鹉袖扣，西奥·芬纳尔（Theo Fennel），手工雕刻橄榄石、珊瑚、水晶、18K黄金

图4-55 “谢巴赫女王”头饰，利迪亚·考特尔（Lydia Courteille），主石橄榄石，副石蓝宝石、钻石、黄水晶及沙弗莱石

十、锆石

锆石，英文名是Zircon，在日本被称为风信子石。它的主要成分是硅酸锆，摩氏硬度是6.5~7.5。锆石具有高折射率和高色散，折射率1.777~1.987，色散0.039，这使得它有较强的光泽和火彩。锆石的颜色有无色、黄色、褐色、橙色、蓝色、绿色、红色和紫罗兰色等。锆石的品种较多，一般分为普通锆石、高型锆石和低型锆石，低型锆石一般密度较低，光学特征也较差。高型锆石的颜色是透明的黄绿色、金色或绿棕色，色散度极高，通过加热处理能变成无色或蓝色，经过热处理的锆石可以很好地模仿钻石的光学特性，所以其长期作为钻石的替代品，过去也被称为锆英石。锆石比较易碎，因此在处理和保存时都要小心谨慎。

锆石的名字源自阿拉伯语单词“ZarZum”，“Zar”的意思是金色，“Zum”的意思是颜色。它是印度教Kalpa Tree（代表实现愿望的神树）中使用的宝石之一，Kalpa Tree中使用的是绿色的锆石，代表叶子。6世纪，锆石在希腊和意大利被使用，14世纪刻面切割开始后，锆石经常被作为钻石出售，当时的法国正在开采无色的锆石。19世纪，红色的锆石在欧洲相当流行。目前市场上最流行的锆石是蓝色、无色和金棕色，天蓝色的锆石价值最高。锆石的主要产地有斯里兰卡、缅甸、柬埔寨、泰国以及澳大利亚，我国海南省出产的红色和棕色的锆石经过热处理，可以变成无色锆石。锆石是十二月的生辰石，同时也被称为“美德之石”，它是纯真、纯洁和坚贞的象征（图4-56~图4-58）。

图4-56 戒指，卡尔·弗里茨（Karl Fritsch），锆石、Shibuichi

注 Shibuichi是一种日本合金，用于金属板或金属丝镶嵌，这种技术是将金、银和铜镶嵌到深色的银底座中，通常Shibuichi是由75%的铜和25%的银组成。

图4-57 “四方八盒”手镯，袁梦齐，925银镀白金、锆石

图4-58 “氤氲”，叶梓颖，锆石、925银

十一、玉

玉，通常也被称为玉石，根据亚洲玉石协会（GIG）的分类，玉包含了软玉和硬玉。

软玉是我国传统的玉石材料，玉的名字也来自软玉。软玉的主要成分是镁和钙硅酸盐，它是透闪石、阳起石系列的一员，有着紧密的纤维状结构，这使软玉具有极高的韧性。软玉的摩氏硬度是5.6~6.5，折射率是1.60~1.63，比重2.9~3.1。软玉中氧化铁的含量影响着它的颜色，含铁量越高，颜色越深。高含铁量可能使颜色至深绿甚至黑色，相反，低含铁量会产生极浅色调，包括羊脂玉。颜色较浅的软玉化学组成接近透闪石，颜色较深的则接近阳起石。软玉是一种韧性极高、非常坚硬的矿物，在古代曾被用于制作刀具和武器。中国的玉石文化历史悠久，有资料证明早在新石器时代早期就已有了玉器，几千年来玉在中国比黄金更受重视，它的文化经久不衰，我国的新疆和田地区出产的玉石绝佳，所以人们也称软玉为和田玉。玉的英文名是Jade，它是源于西班牙航海家从墨西哥带回的据说是药石的翻译，1595年，沃尔特·罗利爵士（Sir Walter Raleigh）在一本书中写到，玉（西班牙语Piedra de ijada）是有助于治疗脾脏的石头，在被翻译成法文时错误地印刷成l'ejade，之后在英语中变成了jade。在西班牙语中也称其为“Piedra de los riones”（肾之石），希腊语中称为“Nephros”（肾），之后在英语中演变成“Nephrite”，在中文中翻译成软玉。软玉的产地主要在中国和缅甸（图4-59~图4-61）。

硬玉是一种辉石类矿物，含有钠和铝的硅酸盐，一般是指产自缅甸的翡翠。它和软玉都同属玉石家族，但是它的摩氏硬度和比重都与软玉不同，硬玉的摩氏硬度是6.5~7.5，折射率1.650~1.670，比重3.24~3.43。虽然软玉在中国历史悠久，但是硬玉是直到18世纪中叶，从缅甸传入中国才让手工艺人认识到这种玉石，为了区别它和软玉，便称其为“新玉”，把它们作为礼物送给当时的皇帝。翡翠最早是指一种生活在南方的鸟，它的毛色十分漂亮，一般雄性的鸟为红色，称为“翡”，雌性的为绿色，称为“翠”。翡翠的英文是Jadeite。根据在墨西哥发现的与翡翠有关的木材碎片上进行碳年代的检测，翡翠的历史可以追溯到公元前1500年，当时该地区雕刻的翡翠被用于仪式，在坟墓中发现了项链、吊坠、手镯、耳环、雕像和王冠等翡翠制品。翡翠的颜色有白色、绿色、黄色、橙色、棕色、灰色、黑色和紫色。主要产地是缅甸（图4-62~图4-65）。

图4-59 “飞翔”，俄罗斯软玉，金匠公司收藏，2015年

图4-60 耳环，海默尔（Hemmerle），铜、玫瑰金、锆石、橙色蓝宝石和橙色玉石

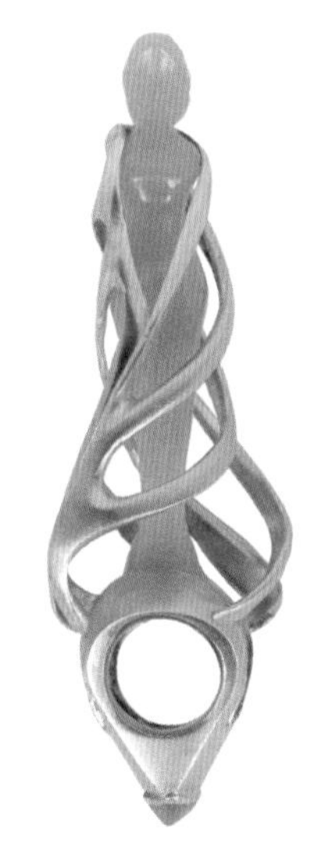

图4-61 “一世代”戒指，张丽，玉石、银镀黄金

图4-62 “薰衣草女士”胸针，爱德华·邱（Edward Chiu），翡翠、红宝石、钻石、白金

图4-63　耳环，爱德华·邱（Edward Chiu），翡翠、钻石、玛瑙、白金

图4-64　戒指，埃斯特·布林克曼（Esther Brinkmann），铁、黄金、古董翡翠

图4-65　戒指，埃斯特·布林克曼（Esther Brinkmann），黄金、翡翠

第四节　有机宝石

有机宝石是指动物或有机物体在其活体或死亡状态下衍生出来的有机矿物。它们含有有机材料，无法人工合成。常见的有机宝石有珍珠、珊瑚、贝壳、琥珀、象牙等。

一、珍珠

珍珠是一种有机宝石，它生长在珍珠和珠母贝类的软体动物体内，外界的刺激会使这些贝壳产生反应从而分泌碳酸钙，最后这些碳酸钙会堆积形成珍珠。

纵观珠宝首饰的历史，珍珠一直是人们钟爱的宝石之一，它与四大珍贵的宝石齐名。据记载，公元前2300年珍珠就是中国皇室的珍贵财产，公元前4000年在古埃及就使用了贝母，但直到公元前5世纪才有珍珠的记录。古希腊人和古罗马人也把珍珠视为财富的象征。在古代文明中珍珠一直作为个人的装饰品，在欧洲，公元前61年，庞贝（Pompey）大帝战胜本都（Pontus）国王（现黑海上的土耳其）而举行的阅兵式使得珍珠开始流行起来。在战利品当中有无数珍珠镶在皇冠以及其他工艺品上。5世纪初，西哥特人洗劫了罗马，珍宝散落在欧洲各处，但珍珠一直在宫廷中流行。从中世纪晚期到17世纪末可以称为“珍珠的时代”。1450年左右，多面宝石尤其是钻石的出现使得珍珠受欢迎的程度开始减退，尤其到了18世纪，珍珠的产量开始下降，仿制品也开始出现。19世纪中叶前，珍珠的颜色多为白色，直到大约1845年才有了彩色的南洋珍珠，但在当时并没有流行起来，到了十年后法国的尤金妮（Eugenie）皇后将它们带入时尚界，南洋珍珠才开始流行起来。

珍珠有不同的种类，按照它们的来源分为淡水珍珠和海水珍珠。

（一）淡水珍珠

淡水珍珠是无核珍珠，海水珍珠是有核珍珠。淡水珍珠是生长在湖泊和河流中的珍珠。我国淡水珍珠的产量占世界产量的95%，主要产自诸暨、苏州、常德、湖北和江西等地。淡水珍珠一般比海水珍珠体积小，形态一般为椭圆或扁圆形（图4-66）。

（二）海水珍珠

海水珍珠一般来自南海，种类有大溪地珍珠、南洋珍珠和Akoya珍珠等。

黑色的大溪地珍珠是培育在黑唇珍珠贝中的，黑唇珍珠贝会分泌灰色和黑色的质层，使珍珠带有幻彩颜色。黑唇珍珠贝的体积非常大，通常直径在12英寸（30.48cm），重达10磅（4.54kg）。它出产自南太平洋法属波利尼西亚境内盐湖。大溪地珍珠的培养是比较困难的，因此价值也较高，珍珠的体积、形状、颜色、光泽和纯净度是衡量其质量的标准（图4-67、图4-68）。

Akoya珍珠是从马氏珠母贝（Pinctada martensii）中培育出来的海水养殖珍珠，主要产自日本的濑户内海。它是第一种以商业化方式养殖的珍珠。Akoya珍珠的体积较小，一般

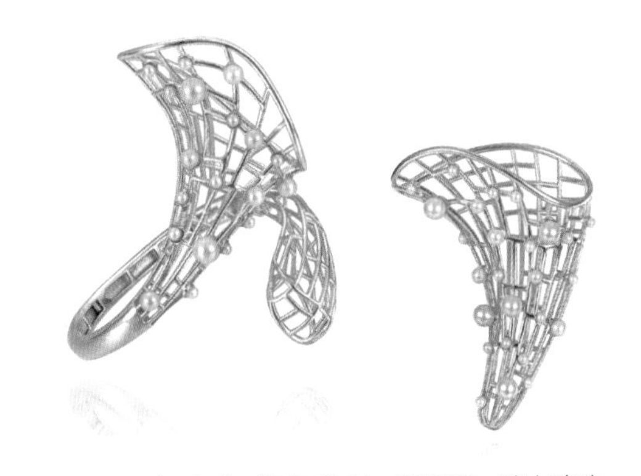

图4-66 “回忆”戒指及胸针，孙燕欣，淡水珍珠、银镀18K白金

图4-67 戒指、耳环，夏洛特·埃辛格·施瓦兹（Charlotte Ehinger-Schwarz），1876，贝母、大溪地珍珠浮雕、陶瓷

图4-68 戒指，乔·保罗·卡马尔戈（Joáo Paul Camargo），大溪地珍珠、宝石、金

在5~8mm之间，极少数有9mm以上，形状极圆，光泽非常亮，主要以白色为主，极少数有天然的浅香槟色和蓝灰色。市场上可以看到染成黑色或金色的Akoya珍珠（图4-69）。

南洋珍珠产自南太平洋，主要产地有澳大利亚、印度尼西亚和菲律宾。南洋珍珠是生长在白蝶贝（Pinctada Maxima）中的，它们的尺寸从9~20mm不等，是颗粒最大的珍珠品种。南洋珍珠的颜色有银白、金色、银色、粉色、玫瑰红色等（图4-70、图4-71）。

图4-69　御木本x凯蒂猫（Mikimoto x Hello Kitty）耳环，Akoya珍珠、红宝石、钻石和玛瑙

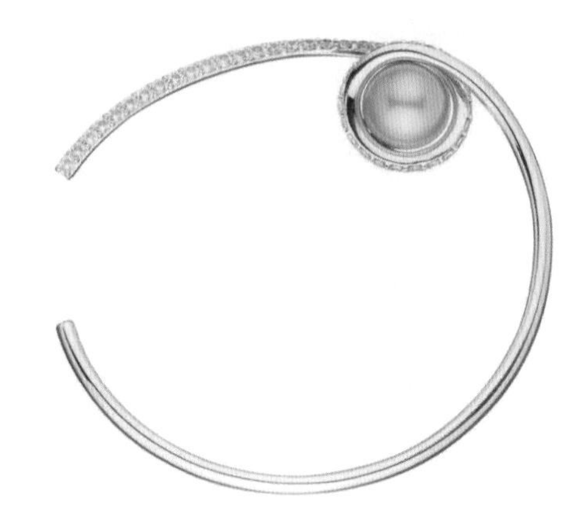

图4-70　手镯，梅兰妮·乔治科普洛斯（Melanie Georgacopoulos），18K白金、金色南洋珍珠、白色和黄色蓝宝石

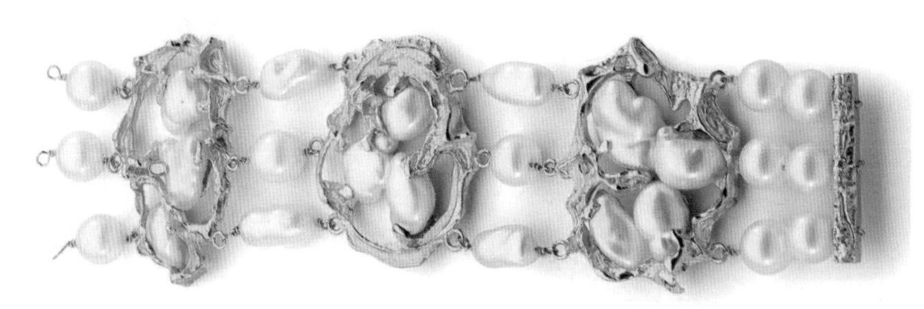

图4-71　手链，林尼（Linneys），黄金、钻石、澳大利亚南洋珍珠

（三）巴洛克珍珠及种子珍珠

巴洛克珍珠是以葡萄牙语中不规则形状命名的，也就是人们常说的异型珍珠，在文艺复兴时期经常被用于制作神话中的生物或动物的身体部分（图4-72）。种子珍珠（Seed Pearls）是指体积小的珍珠，在1840~1860年很受欢迎，经常与非常细的马毛串在一起，用于制作三维首饰，包括皇冠在内的完整首饰都是由此制成的，它们通常缝在贝母的垫板上。小的半颗珍珠是从半圆的珍珠或贝母中切割出来的，19世纪末它们被广泛用于表壳的装饰和珠宝上（图4-73）。

图4-72 大象胸针，佛杜拉（Verdura），巴洛克珍珠、钻石、铂金、黄金

注 曾被佩戴出现在阿尔弗雷德·希区柯克（Alfred Hitchcock）的电影《怀疑》中，1957年左右。

图4-73 项链、胸针、耳环、种子珍珠，19世纪30年代，图片来源：苏富比

（四）培育珍珠

19世纪末，一些人开始试验培养圆形珍珠。特别是日本的御木本（Mikimoto）和澳大利亚的威廉·萨维尔·肯特（William Saville-Kent）。20世纪初，一种制造圆形珍珠的技术被日本人见濑辰平（Tatsuhei Mise）和西川藤吉（Tokichi Nishikawa）申请了专利，不过有迹象表明他们可能是从威廉·萨维尔·肯特那里学到的这种技术。最终御木本购买了这种方法的使用权，并加以完善，在养殖珍珠方面取得了巨大成功。20世纪30年代，人工养殖的珍珠备受欢迎，几乎令大多数西方国家对天然珍珠降低了需求。

二、琥珀

大约2500万年到6000万年前生长在波罗的海地区的松树和针叶树产生的黏稠树脂，经过数百万年的时间逐渐变硬最终形成了琥珀。未完全石化的树脂被称为柯巴（Copal），柯巴比琥珀软，在较低的温度下就会融化。琥珀是石化形成的而非矿化，所以它的结构是不定的，没有有序的内部结构，它的主要化学成分是碳、氢和氧，有些带有硫。与琥珀相似的材料有很多，例如塑料、玻璃或柯巴树脂，需要通过琥珀的包裹体与它们区分。琥珀的包裹体主要有昆虫，例如蜜蜂、蚂蚁；植物，例如花瓣、叶子；以及比较大的动物，例如青蛙、蜗牛、蝎子以及蝾螈等。这些包裹体越完整，体积越大越珍贵（图4-74）。古希腊人认为琥珀是太阳的碎片落入了海洋中。在希腊语中，琥

图4-74 手镯，海默尔（Hemmerle），海琥珀（形成于3000万年前）、乌木、铜

珀是“电子”（Electron）的意思，这是由于琥珀在摩擦时会产生负电荷，所以以此命名。琥珀是呈树脂的抛光光泽，从透明到不透明都有，颜色主要是金色和黄色为主，也有白色、棕色、橙色和红色等。波罗的海区域是最著名的琥珀产区，其次是多米尼加共和国，这里目前是琥珀的第二大产区。适合制作成珠宝的琥珀实际上只有15%，其他的琥珀多用于生产胶水或黏合剂，或制作成人造（合成）琥珀。

三、珊瑚

珊瑚是由许多微小的海洋无脊椎动物的骨骼组成的，形状像树枝，它一般生长在热带和亚热带海洋，深度不到50英寸（127厘米）。宝石级别的珊瑚有红色、粉红色和橙红色。珊瑚比大多数的宝石软，摩氏硬度为2.5~4，呈半透明或不透明，蜡状到玻璃状抛光光泽。珊瑚的产地主要在地中海，自古以来地中海地区的人们将珊瑚用于装饰、医疗和精神寄托。它在摩洛哥、法国科西嘉岛和阿尔及利亚的沿海地区繁衍生息。古罗马人会将珊瑚挂在孩子的脖子上，以防他们遇到危险和疾病。古罗马学者普林尼（Pliny）曾提到认为珊瑚可以用于平息暴风雨，确保佩戴者不被闪电击中。古代的中国人认为珊瑚是长寿和升官的象征。19世纪初，纳瓦霍人将珊瑚列入18种神圣物品之一，所以在美国土著的珠宝首饰和装饰品中非常常见（图4-75~图4-80）。

图4-75 “歌唱家”胸针，安娜玛丽亚·扎内拉（Annamaria Zanella），染色珊瑚、黄金，2020年

图4-76 “画家头像（菲利普·古斯顿）”戒指，里克·巴特尔斯（Rike Bartels），珊瑚、黄金

图4-77 戒指，弗拉迪米尔·马金（Vladimir Markin），珊瑚、蓝宝石、925银、925银镀、14K黄金

图4-78 胸针，安娜玛丽亚·扎内拉（Annamaria Zanella），黑黏土、珊瑚、银、金

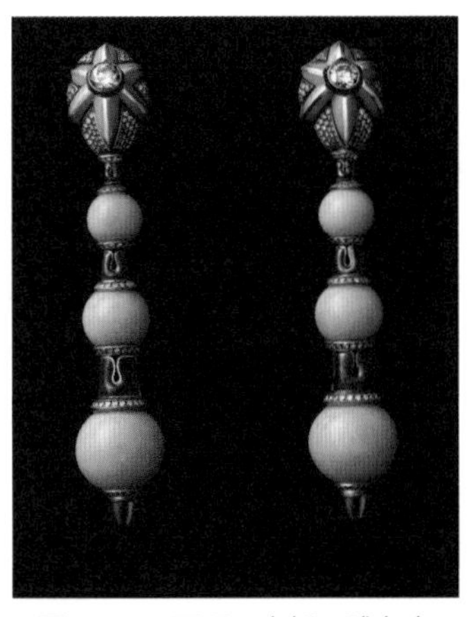

图4-79 耳环，奥托·雅各布（Otto Jakob），白金、太平洋鲑鱼色珊瑚

图4-80 鸭子及花朵胸针，梵克雅宝，珊瑚、黄金、钻石

四、贝壳

贝壳是海水或淡水动物有机形成的坚硬外壳，它的主要化学成分是碳酸钙，摩氏硬度3.5，贝壳在抛光后呈油脂类光泽或珍珠光泽，常见的颜色有白色、粉色、橙色、灰色和棕色。人类使用贝壳装饰自己的历史可以追溯到史前，早期的珠子和吊坠都有带孔的贝壳。虽然人们使用贝壳作为珠宝首饰材料的历史悠久，但从贝壳内部雕刻的装饰物是经过了许多世纪的演变才得来的精致工艺。最常用于贝壳浮雕的是冠螺科贝类，雕刻的是它们的内层，内层有两层，白色层在上面，棕色、粉色或橙色层在下面。贝壳浮雕一般是描绘人物肖像、神话主题、历史场景、建筑主体以及各种主题。维多利亚时代的英格兰将贝壳浮雕作为必需的珠宝物件。贝壳在珠宝首饰材料中的进一步应用是珍珠贝母（Mother of Pearl），例如用鲍鱼贝制作的纽扣、串珠、镶嵌物和弧面宝石等（图4-81~图4-84）。

图4-81 “狮子爪”胸针，佛杜拉（Verdura），贝壳、蓝宝石、钻石、金

图4-82 “灰熊之星”戒指，鲨革&乌龟（Shagreen & Tortoise），贝壳、石英、银镀金

图4-83 戒指，贝伦·巴乔（Belén Bajo），鲍鱼贝、金、银

图4-84 胸针，梅兰妮·乔治科普洛斯（Melanie Georgacopoulos），贝母、金

第五节 矿物原石

矿物原石是指未经加工或未经深度加工的天然矿石，它可以涵盖所有贵重宝石和非贵重宝石的种类。通常这类原石会成为鉴赏爱好者的收藏品或作为矿石标本，这些原石都有着独一无二的造型和原始的色泽，一直以来也为首饰创作提供了独特的设计思路。同时，因原石的不规则性也为制作带来了一定的难度，这类的首饰创作通常会采用爪镶或包镶的镶嵌方式（图4-85~图4-92）。

图4-85 “木棍与石头”吊坠，安德鲁·格里玛（Andrew Grima），黄金、绿铜矿，1973年

图4-86 “金恩加格”单边耳坠，雷·萨伦特亚（Ray Salenteya），侏罗纪时期的菊石化石、坦桑尼亚陨石、钛合金

图4-87 兰花胸针，卢兹·卡米诺（Luz Camino），钒铁矿、树脂、钻石、蓝宝石、白金

图4-88 “海洋之歌”手镯，周诗源，萤石、珍珠、925银

图4-89 “云朵”吊坠，郭鸿旭，紫水晶、珍珠、925银、锆石

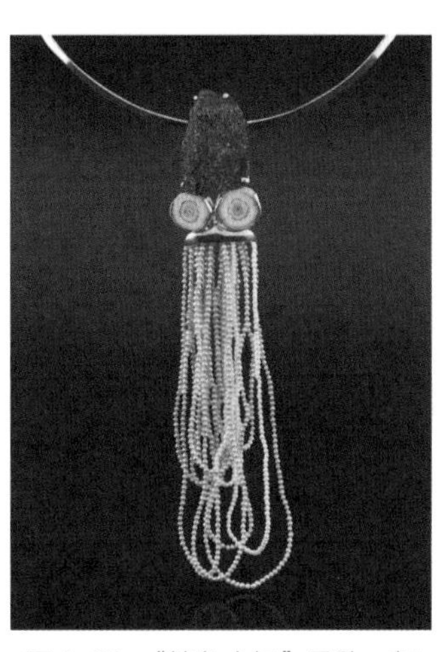
图4-90 “鱿鱼小姐”吊坠，郭鸿旭，阿根廷菱锰矿、摩洛哥钒铅矿、珍珠、925银

图4-91 戒指，伊扎贝拉·佩特鲁特（Izabella Petrut），氧化银、黄铁矿、树脂

图4-92 “异”吊坠，郭鸿旭，925银、墨西哥水晶洞、珍珠、锆石

思考题

1. 贵重宝石一般是指哪几种宝石？
2. 衡量钻石等级的标准是什么？
3. 贵重宝石是因哪几种特性而成为贵重宝石的？
4. 蓝宝石和红宝石哪种宝石是有多种颜色的？
5. 坦桑石一般会作为哪种宝石的替代品？
6. 电气石家族中目前价格最昂贵的是哪种宝石？它的颜色是什么？

7. 硬玉和软玉分别指的是什么？
8. 首饰创作中常用的有机宝石是哪几种？

工艺练习

1. 设计一套以某一种宝石为主石的系列首饰（3件或3件以上）。主题自选，图稿需要效果图和三视图，三视图必须为1：1比例。
2. 使用矿物原石制作一件首饰，类型不限，需要突出原石特点，可与其他材料搭配。

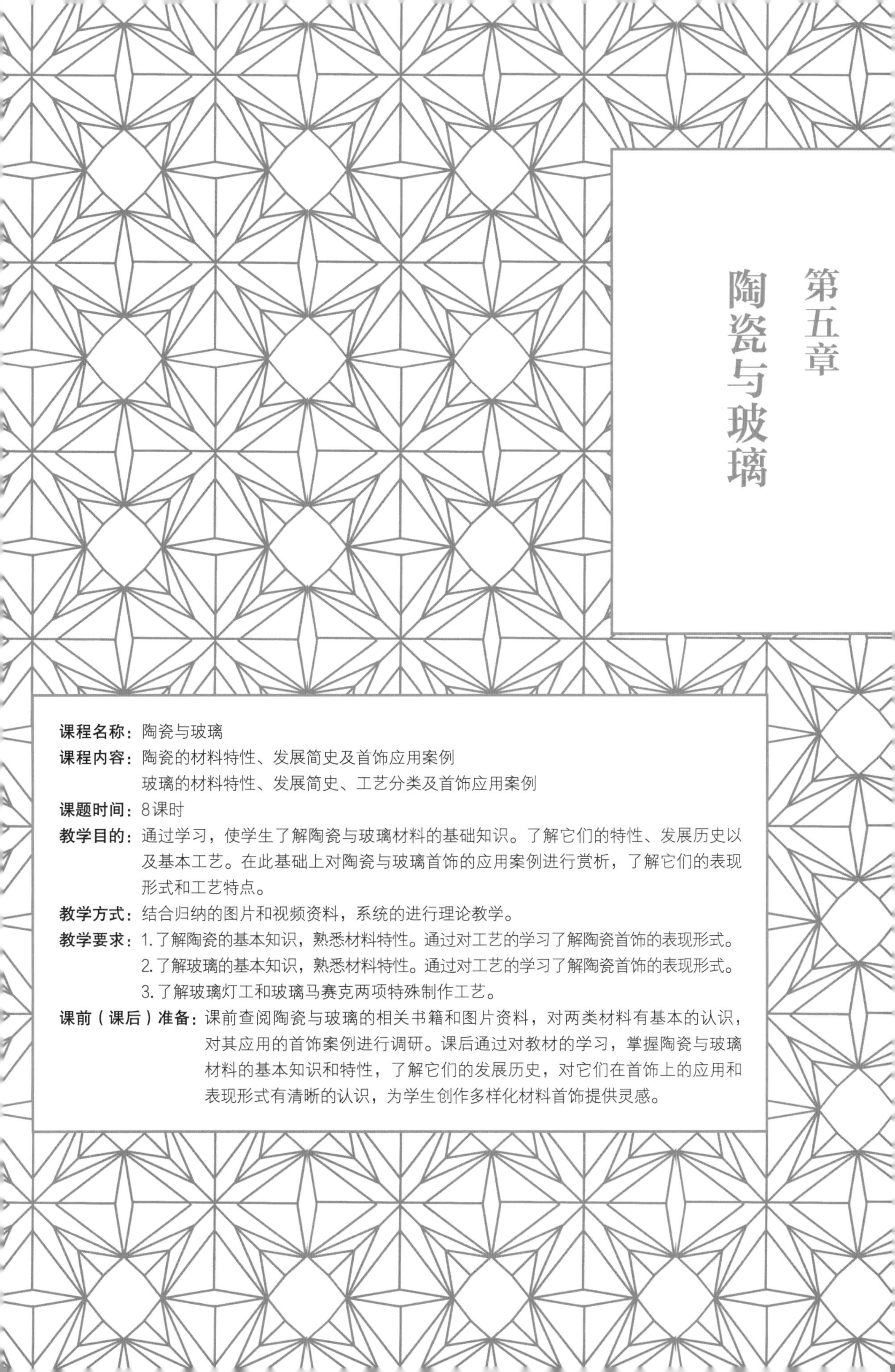

第五章 陶瓷与玻璃

课程名称：陶瓷与玻璃

课程内容：陶瓷的材料特性、发展简史及首饰应用案例
玻璃的材料特性、发展简史、工艺分类及首饰应用案例

课题时间：8课时

教学目的：通过学习，使学生了解陶瓷与玻璃材料的基础知识。了解它们的特性、发展历史以及基本工艺。在此基础上对陶瓷与玻璃首饰的应用案例进行赏析，了解它们的表现形式和工艺特点。

教学方式：结合归纳的图片和视频资料，系统的进行理论教学。

教学要求：1.了解陶瓷的基本知识，熟悉材料特性。通过对工艺的学习了解陶瓷首饰的表现形式。
2.了解玻璃的基本知识，熟悉材料特性。通过对工艺的学习了解陶瓷首饰的表现形式。
3.了解玻璃灯工和玻璃马赛克两项特殊制作工艺。

课前（课后）准备：课前查阅陶瓷与玻璃的相关书籍和图片资料，对两类材料有基本的认识，对其应用的首饰案例进行调研。课后通过对教材的学习，掌握陶瓷与玻璃材料的基本知识和特性，了解它们的发展历史，对它们在首饰上的应用和表现形式有清晰的认识，为学生创作多样化材料首饰提供灵感。

第一节　陶瓷

陶瓷是一种无机的非金属材料，是人们日常生活中最常使用的材料之一，这类材料包括餐具、瓷砖、瓷板等，在航天飞机、汽车、电话线和电器（搪瓷涂层）等航天和工业领域也被广泛使用。手表的石英计时装置以及首饰的制作也会使用陶瓷（图5-1）。陶瓷是以黏土等天然硅酸盐经过高温烧制而形成的，陶瓷表面一般会覆盖着具有装饰性和防水性的类似油漆的物质，称为釉料。在我国陶和瓷的质地是不同的，陶是以可塑性强和黏性较高的黏土为原料，具有不透明、有细微气孔和微弱吸水性等特性；瓷是以黏土、长石和石英为原料，具有半透明、抗腐蚀、胎质坚硬和不吸水等特性。

考古学家发现最早的陶瓷可以追溯到公元前28000年，这些陶瓷是在捷克共和国发现的，它们以人类和动物雕像、板或球状的形式存在。这些陶瓷是由动物脂肪、骨头、骨灰和精细的黏土状材料混合而成，成型后在500~800℃的高温下在半球形和马蹄形窑中烧制而成，但这些陶器似乎不具备实用性。具有功能性的陶器被认为是在公元前9000年才开始使用的，这些容器可能是用来盛装和储存谷物或其他食物。古代的陶瓷制造业和玻璃制造业是密切相关的，陶瓷制造业在公元前8000年左右的埃及繁荣发展。在烧制陶器时由于陶瓷窑过热，氧化钙与苏打混合可能会形成陶器表面的色釉。有专家认为直到公元前1500年，玻璃才与陶瓷的生产分开，独立生产不同的物品。我国的陶瓷历史悠久，早在新石器时代就已出现彩陶和黑陶，在魏晋时期已经用高温烧制胎质坚硬的瓷器，唐代的陶瓷技术以及艺术水平都达到了很高的水平并出口到日本、印度、波斯以及埃及。

图5-1　“杏仁树”项链，拉卢卡·布祖拉（Raluca Buzura），陶瓷、透明釉、人造皮革、镀金

随着工艺的发展，现代陶瓷的制作更加多元，多种材料的结合也突破了传统材料的局限，表现的形式更加丰富。一些高级珠宝和腕表品牌也会使用高精陶瓷材料来制作首饰和腕表的表带。当代首饰艺术家制作的陶瓷首饰具有艺术性、展示性和概念性（图5-2~图5-4）。

不同造型和用途的陶瓷会采用不同的制作方式，分为手工类型（手工拉胚及手捏）和可量产的注浆成型及旋胚成型，在首饰创作时需根据具体的方案选择合适的制作方法，例如镶嵌、缝制、黏合、穿孔及一体成型等（图5-5、图5-6）。

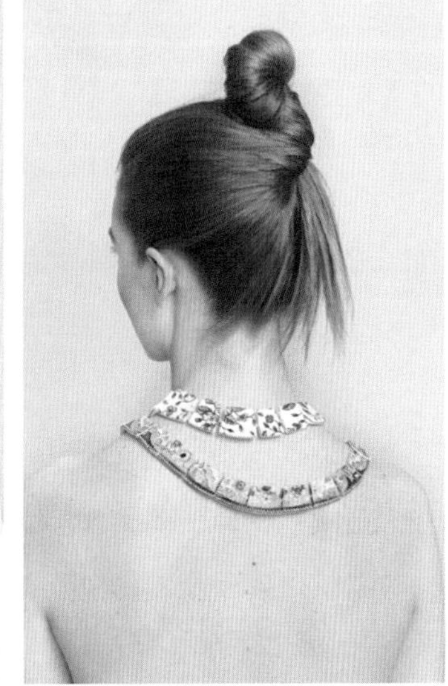

图5-2 项链，朱莉·德库伯（Julie Decubber），瓷片、金属

图5-3 戒指，陈世英，陶瓷、钛、蓝宝石、海蓝宝、钻石

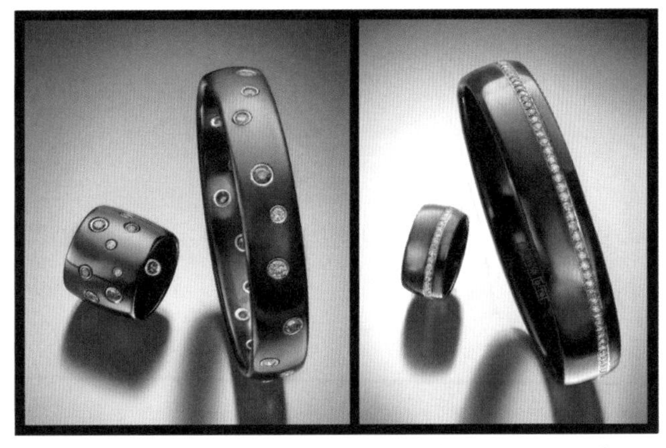

图5-4 戒指及手镯，艾蒂安·佩雷特（Etienne Perret），陶瓷、宝石

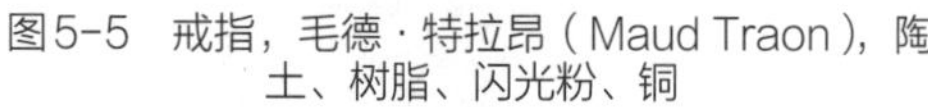

图5-5　戒指，毛德·特拉昂（Maud Traon），陶土、树脂、闪光粉、铜

图5-6　“岩浆”项链，斯蒂芬妮·杜布斯基（Stephanie Dubsky），瓷、14K黄金填充

第二节　玻璃

玻璃是一种无机的非晶体材料，通常是透明或半透明的，坚硬、易碎。玻璃是用多种无机矿物如石英砂（二氧化硅）、纯碱（碳酸钠）、石灰石（碳酸钙）、硼砂、长石、硼酸、重晶石等作为主要原料，再加入少量辅助原料制成的。自古以来，玻璃都被制成实用和装饰性的物品，在建筑、工业、医疗、日用和艺术等多个领域中被广泛应用。玻璃是熔融后快速冷却形成的，普通玻璃的成分是石英砂（二氧化硅）、纯碱（碳酸钠）、石灰石（碳酸钙）。玻璃有无色和有色的，给玻璃着色的试剂通常是金属氧化物以及硫化物或其他化合物。同一种氧化物可以与不同的玻璃混合物产生不同的颜色，同一种金属的不同氧化物也可以产生不同的颜色。例如钴的紫蓝色、铬的铬绿色或黄色、锰的紫色、硒的红色、铀的黄色或黄绿色（紫外线灯下它们会发出绿色荧光，也被称为凡士林玻璃），铜的孔雀蓝色、如果氧化铜的比例增加，孔雀蓝会变成绿色。玻璃中的杂质所带来的颜色可以使用二氧化锰和硝酸钠的脱色剂中和。

古埃及的玻璃珠是目前已知的最早的玻璃制品，时间可以追溯到公元前2500年，在美索不达米亚和古埃及的遗址中都曾出土过玻璃珠。现代玻璃的起源是托勒密时期（公元前332~前30年）的亚历山大港，即后来的古罗马。亚历山大的工匠们完善了一种被称为玻璃马赛克的工艺，这种工艺是将不同颜色的玻璃条横切，再用这些横切的玻璃条拼贴出不同的装饰图案。这种工艺后来也被用于首饰的制作并延续至今。除了玻璃马赛克工艺，玻璃的灯工工艺也经常用于首饰制作。

一、玻璃灯工

玻璃灯工（Lampworking）是利用玻璃的热熔性和热塑性，用专门制作金属和玻璃的火枪或喷灯的火焰对玻璃进行局部加热，从而使其变形，如弯曲、吹泡、拉抻、翻边和封口等；制作部件之间的焊接以及玻璃与金属的焊封。这种工艺最早可考证的历史是在公元前5世纪的灯工系列珠子。14世纪，在意大利的穆拉诺，这种工艺开始被广泛使用。19世纪中期，用灯工技术制作的镇纸是一种流行的艺术形式，尤其是在法国，至今仍有不少人收藏。由于这种技术的可塑性强，也被时常用于首饰的制作（图5-7~图5-9）。

玻璃首饰套件“时间隧道”及其制作过程如图5-10、图5-11所示。

图5-7 镇纸，穆拉诺（Murano figural），玻璃，19世纪60—70年代

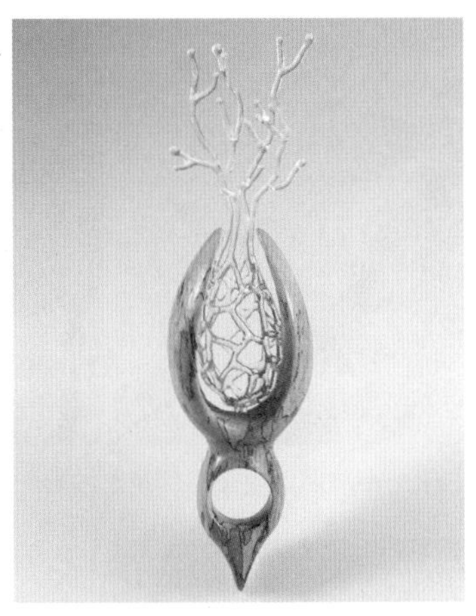

图5-8 “打破休眠”戒指，奥黛丽·阿伦森（Audrey Aronson），罗望子和玻璃

图5-9 项链，莉拉·塔巴索（Lilla Tabasso），玻璃、银

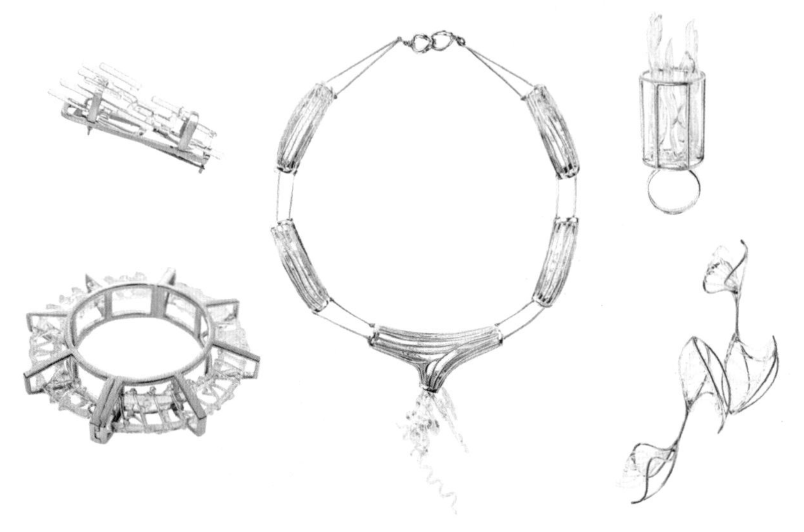

图5-10 “时间隧道”首饰套件，吴思琦，玻璃、925银

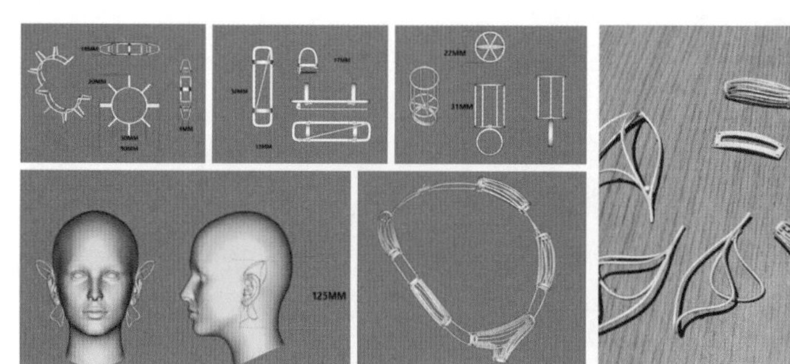

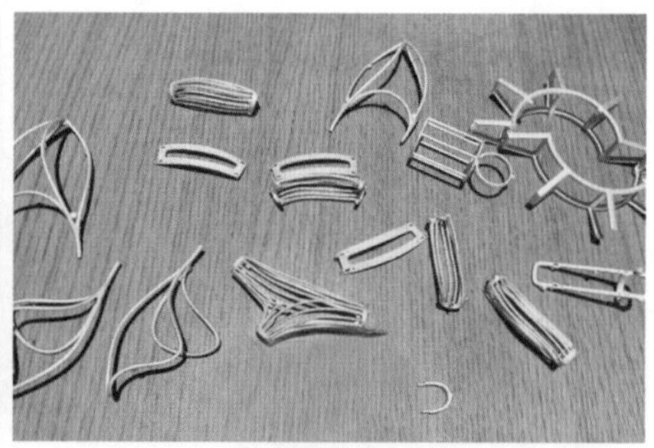

（a）金属部分建模　　（b）铸造银件

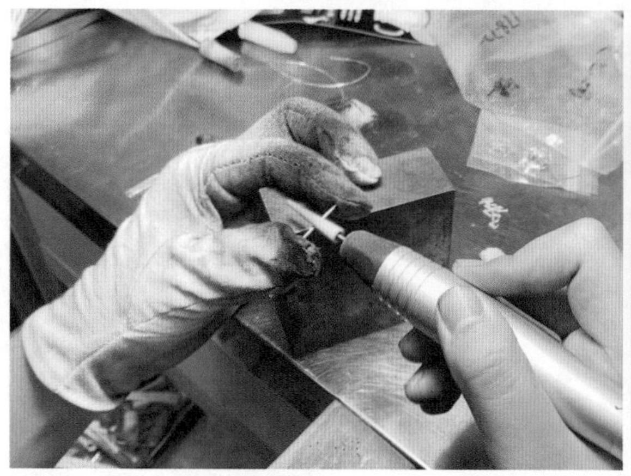

（c）锯水口、焊接、打磨、抛光

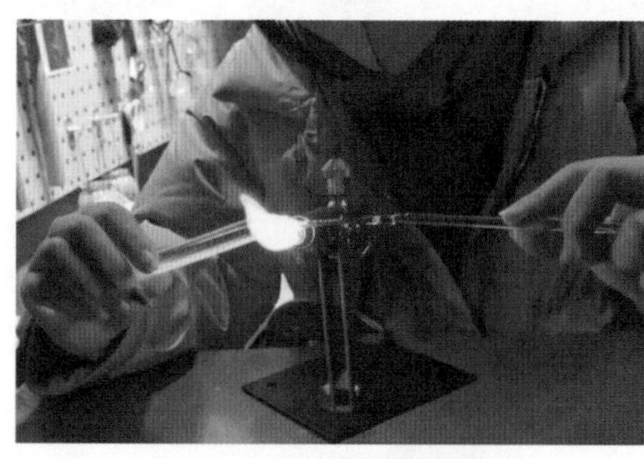

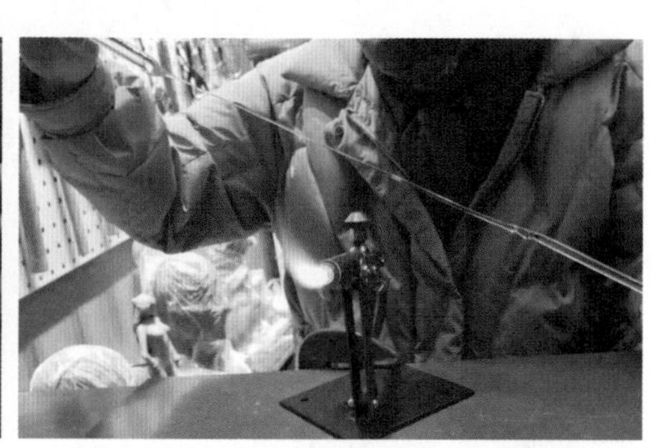

（d）火枪软化玻璃棒成球　　（e）按设计拉丝

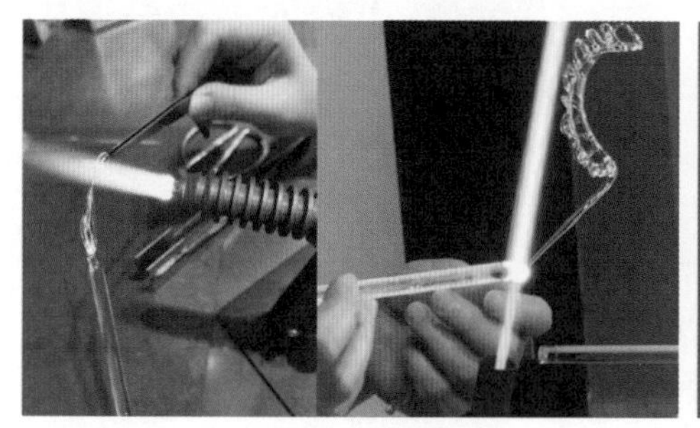

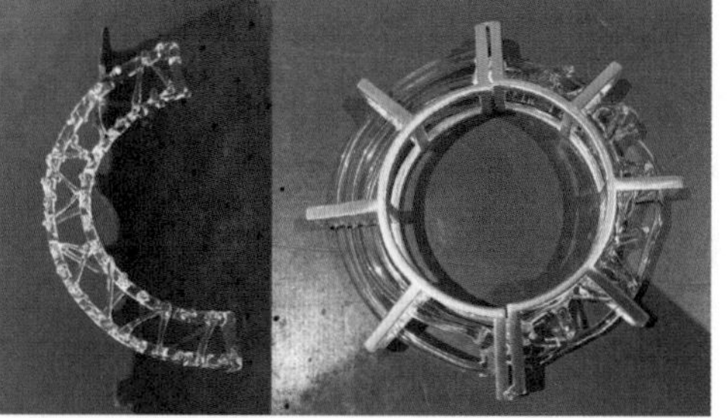

（f）制作支撑的玻璃丝　　（g）将玻璃部件装入银框架中

图5-11　“时间隧道”制作过程

二、玻璃马赛克

艺术家不用颜料在平面上创造图像，而是通过排列成百上千的彩色小嵌片（瓷砖、玻璃、石头、贝壳等）来创造图案或形状，这种艺术形式被称为马赛克。简单来说就是一种由多个或单个碎片组成的表面装饰。这是一种独特的艺术形式，工艺复杂。

马赛克最开始是用于物品表面的装饰，特别是墙壁和地板，最早的马赛克作品可以追溯到公元前3000年，在美索不达米亚的一座寺庙里，那些马赛克是由石头、贝壳和象牙制成的。在美洲发现的类似风格的马赛克是在公元250年左右的玛雅文明，这种艺术形式在那里是独立发展的。虽然陶瓷是当前最普遍的一种马赛克材料，但在马赛克的历史上最初几千年它并没有出现。据考证，玻璃马赛克出现在公元前2000年的波斯，在古希腊这种工艺的复杂性得到了发展。之后罗马人进一步完善了这种工艺，开始频繁使用玻璃马赛克。玻璃最早是在埃及生产的，所以玻璃马赛克的生产也繁荣了跨地中海的文化与艺术。美索不达米亚、古希腊、古埃及、波斯和古罗马的艺术家都对这种艺术形式中的设计和材料做出了贡献。虽然马赛克工艺存在已久，但运用在珠宝上通常被认为是1810年左右，在19世纪曾出现过几次高峰。这种类型的珠宝主要来自意大利的罗马和佛罗伦萨，也有来自那不勒斯和瑞士。马赛克珠宝最初是作为纪念珠宝开始流行的，后来卡斯特拉尼．L（Castellani. L）创新地使用了这种装饰工艺，并迅速引起了全世界的关注（图5-12、图5-13）。

图5-12 “上帝的羔羊”胸针，卡斯特拉尼.C，玻璃微砌马赛克，约1860年，大英博物馆收藏

玻璃马赛克首饰的风格分为两类，一类是微砌马赛克（Micro mosaic），这种风格的特点是使用小立方体或者矩形的“镶嵌片”（Tesserae，拉丁语，Tesserae的复数是有四个角的意思）。这些镶嵌片通常是玻璃制成的，也有金属、大理石或者坚硬的石头。玻璃的镶嵌片是玻璃棒切割而成的，这种镶嵌片被称为珐琅碎片“Smalti”，它可以制作出各种颜色，主要是在威尼斯生产，双色的“Smalti”被称为“Millefiori”，也就是千花玻璃（图5-14、图5-15）。微小的镶嵌片尺寸是1/10mm，在制作时需要稳定的技术和耐心。18世纪末，两位艺术家凯撒·奥古蒂（Cesare Aguatti）和贾科莫·拉法利（Giacomo

图5-13 “普林尼的鸽子”牌匾，贾科莫·拉法利（Giacomo Raffaelli），玻璃微砌马赛克，1779年，大英博物馆收藏

Raffaeli）改良了马赛克技术，他们将珐琅制成的镶嵌片，经过800℃以上的高温加热融合，待冷却再切割成微小的方砖，这种方法不仅可以得到更多、更丰富的颜色，让一些渐变的颜色和光影效果表现得更细腻，也能将镶嵌片的尺寸缩小到小于1mm直径。相关材质作品欣赏（图5-16~图5-19）。

图5-14 手表，爱马仕（Hermès），千花玻璃表盘

图5-15 镇纸，乔治·巴克斯（George Bacchus），千花玻璃，大约1850年

图5-16 维多利亚式玻璃微砌马赛克吊坠

图5-17 玻璃微砌马赛克戒指，勒西比尔（Le Sibille）

图5-18 手链，瓦姆加德（Vamgard），玻璃微砌马赛克、碳纤维、钻石

图5-19 戒指，西西斯珠宝（Sicis Jewels），玻璃微砌马赛克、电气石、钻石、白金

作品“0”及其制作过程示范如图5-20、图5-21所示。

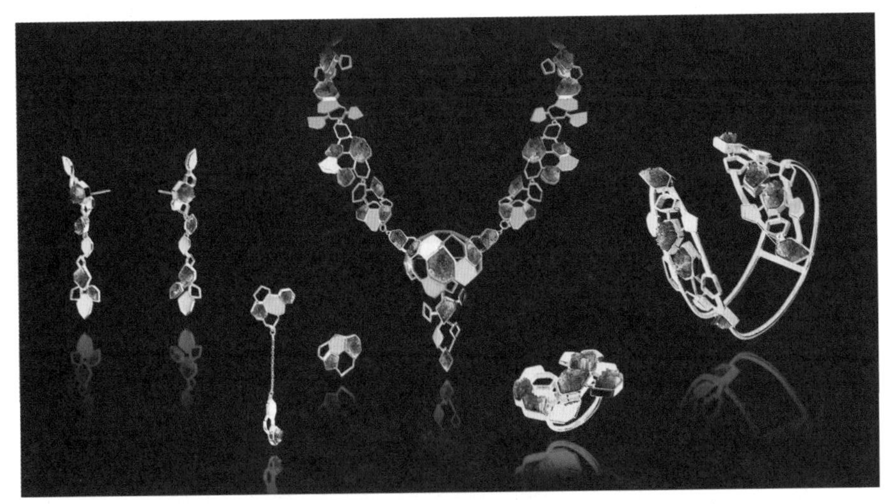

图5-20 “0”套件，叶扬，925银镀金、玻璃微砌马赛克

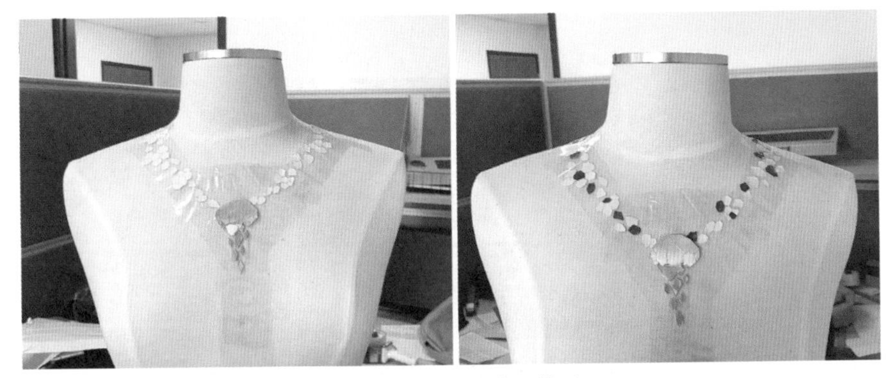

（a）根据设计稿制作纸模型

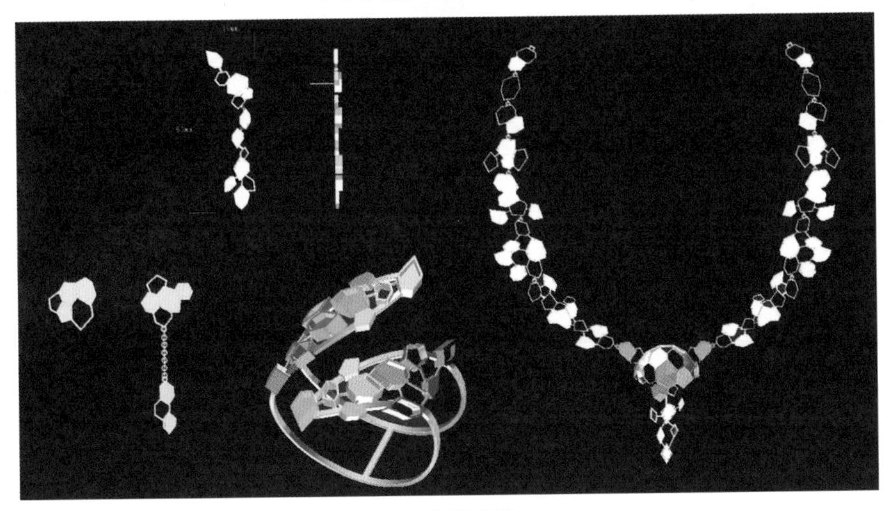

（b）电脑建模

图5-21

（c）银件焊接、打磨、抛光及电镀

（d）准备玻璃材料，不同批次的玻璃的膨胀系数也不同，需要分批进行烧制

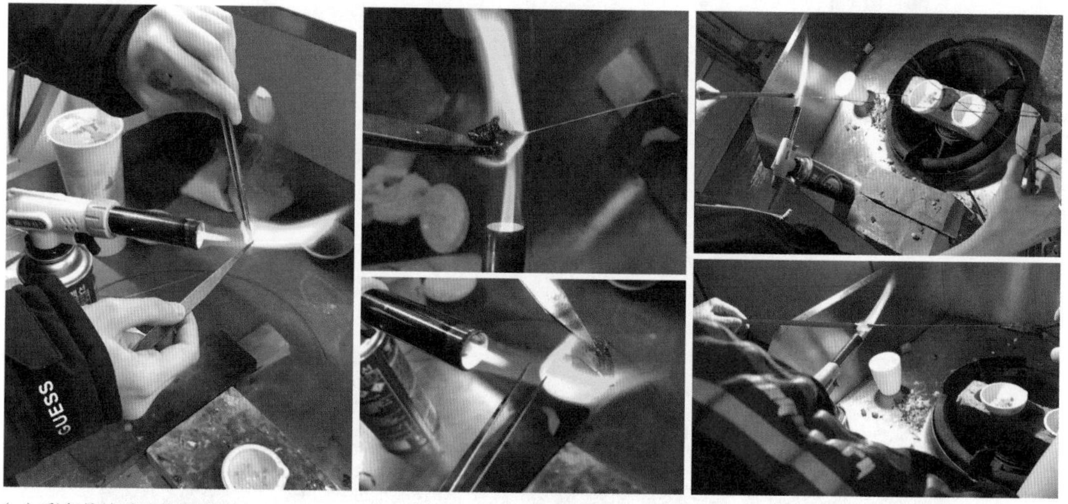

（e）彩色热熔玻璃烧制温度在700~850℃，待温度到达熔点后用钳子夹住玻璃匀速向外拉，需要控制力度以及受热度来达到不同的粗细效果

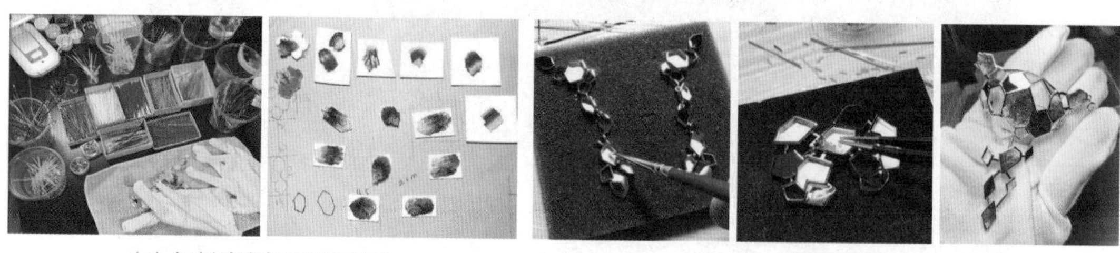

（f）切割玻璃条并制作试样

（g）在银凹槽中均匀涂上白色低温珐琅，将切割好的玻璃拼嵌在银凹槽中

图5-21 “0”制作过程

另一类风格是硬石，其意大利语为“Pietra Dura”，英文为“Hard Stone”。1588年，大公费迪南多·德梅迪奇（Ferdinando de Medici）在佛罗伦萨建立了奥皮菲西奥·德勒·皮埃特·杜尔（Opificio Dele Pietre Dure）工坊，制造家具和其他物品，它们镶嵌了硬石拼花或镶嵌物，这类的作品风格后来为被称为“Pietra Dura”。虽然这种风格可以追溯到凯撒时期，但这种类型的珠宝是在19世纪才出现的。它与微砌马赛克呈现的效果类似，但在工艺上却截然不同，“Pietra Dura”更像拼图，将硬石如大理石或者宝石切割成石板，再根据设计进行锯切、切割或研磨，然后将这些石片精准地嵌入黑色大理石板中，在后期也会嵌入黑色玻璃中。这种技术要求必须将各个石片紧密精确地装配在一起，而且还要完美地嵌入背景中，对工艺的要求极高。这种类型的马赛克作品都是深色背景衬托多色的图案，然后镶嵌在首饰中，多是花卉设计（图5-22、图5-23）。

图5-22 匾额，硬石马赛克，18世纪，佛罗伦萨

图5-23 耳环，硬石马赛克，维多利亚时期

其他玻璃首饰作品如图5-24~图5-27所示。

图5-24 “不能承受之轻”项链，费德里卡·萨拉（Federica Sala），玻璃、晶石、银，2015年

图5-25 “共振”戒指，姜雨佳，925银、玻璃、金箔、磁流体、铝镍钴合金

图5-26　胸针，唐纳德·弗里德里希（Donald Friedlich），玻璃、22K黄金、18K黄金、14K黄金，2008年

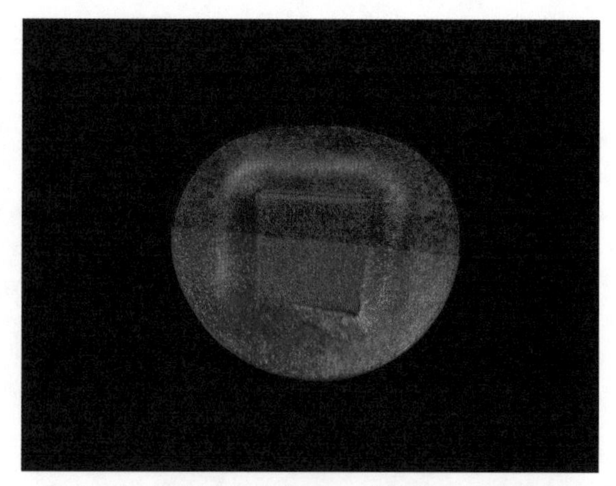

图5-27　“卢米纳”系列胸针，唐纳德·弗里德里希（Donald Friedlich），二色玻璃、硼硅酸盐玻璃、钕磁铁

思考题

1. 陶瓷制作的方式有哪些？它们的区别是什么？
2. 什么是玻璃的灯工工艺？
3. 珠宝首饰的马赛克工艺有几种？分别是什么？
4. 什么是千花玻璃？
5. 微砌马赛克与硬石镶嵌的区别是什么？

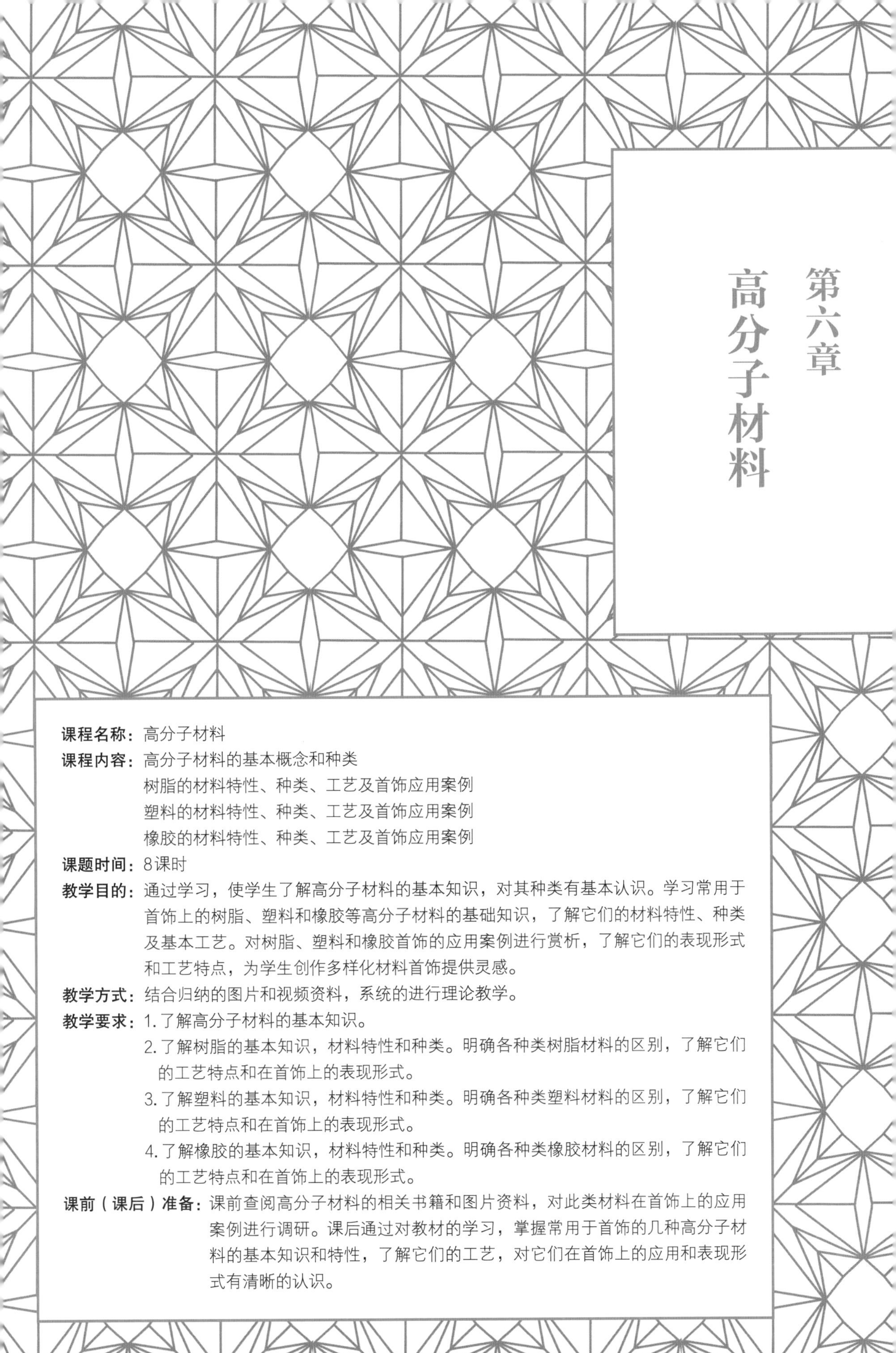

第六章 高分子材料

课程名称：高分子材料

课程内容：高分子材料的基本概念和种类

树脂的材料特性、种类、工艺及首饰应用案例

塑料的材料特性、种类、工艺及首饰应用案例

橡胶的材料特性、种类、工艺及首饰应用案例

课题时间：8课时

教学目的：通过学习，使学生了解高分子材料的基本知识，对其种类有基本认识。学习常用于首饰上的树脂、塑料和橡胶等高分子材料的基础知识，了解它们的材料特性、种类及基本工艺。对树脂、塑料和橡胶首饰的应用案例进行赏析，了解它们的表现形式和工艺特点，为学生创作多样化材料首饰提供灵感。

教学方式：结合归纳的图片和视频资料，系统的进行理论教学。

教学要求：1. 了解高分子材料的基本知识。

2. 了解树脂的基本知识，材料特性和种类。明确各种类树脂材料的区别，了解它们的工艺特点和在首饰上的表现形式。

3. 了解塑料的基本知识，材料特性和种类。明确各种类塑料材料的区别，了解它们的工艺特点和在首饰上的表现形式。

4. 了解橡胶的基本知识，材料特性和种类。明确各种类橡胶材料的区别，了解它们的工艺特点和在首饰上的表现形式。

课前（课后）准备：课前查阅高分子材料的相关书籍和图片资料，对此类材料在首饰上的应用案例进行调研。课后通过对教材的学习，掌握常用于首饰的几种高分子材料的基本知识和特性，了解它们的工艺，对它们在首饰上的应用和表现形式有清晰的认识。

高分子材料是指以高分子聚合物为原料制成的材料。高分子聚合物通常由碳、氢、氧、氮和硫等元素组成，主要是碳氢化合物以及它的衍生物。具有可塑性、弹性、绝缘性和可分割性。高分子材料按照其特性可分为树脂、塑料、橡胶、涂料和黏合剂。其中树脂、塑料、橡胶是当代首饰的常用材料。

第一节 树脂

树脂（Resin）是一种有机材料，常温下呈固态、中固态、假固态或液态。在受热后可以软化或熔融，在外力的作用下可以呈现流动倾向。树脂分为天然树脂和合成树脂，天然树脂是在动植物或天然矿物中获得的，例如松香、琥珀、化石树脂和虫胶等，其特点是在受热时可以变软或熔化。合成树脂是人工合成的高分子化合物，其性能一般来说是优于天然树脂的。合成树脂的种类广泛，主要有聚乙烯、聚丙烯、聚氯乙烯、聚苯乙烯和丙烯腈—丁二烯—苯乙烯共聚物（ABS）五类。合成树脂是制造塑料最主要的原料，塑料制品加工原料的任何聚合物都被称为“树脂”。树脂也是制造合成纤维、绝缘材料、涂料、胶合剂等材料的原料。树脂按照工艺特点分为热塑性树脂和热固性树脂。树脂的产量大，价格低廉，质地轻，可塑性强，加入色浆后可以调配出各种颜色，这些优越的特性十分适合制作首饰。

一、环氧树脂

环氧树脂（Epoxy Resin，EP），也被称为AB胶或水晶滴胶。因为具有成型效果佳、可调色、价格低廉等特性，成为树脂首饰的常用材料。

环氧树脂的主要材料为A胶（主胶）和B胶（固化剂）。制作过程是将A胶和B胶按3∶1的比例调配，可以使用电子秤精准称重。然后在容器中匀速搅拌至树脂清澈不拉丝，静置消除气泡，然后缓慢倒入模具中，在倒入过程中可能产生气泡，可以用针戳破，然后在常温下自然固化，固化时间一般在24~48小时（固化时间根据树脂的情况而定）。固化成型后可以通过锯、钻、锉刀或机器修整形状，打磨和抛光。环氧树脂是透明无色的，如果想要颜色需要在A、B胶搅拌时加入着色剂。环氧树脂是一种透明的胶合剂，所以适于与金属、木材、塑料、陶瓷和玻璃等各种材料连接和融合，这为首饰设计带来了更多的发挥空间，可以制作颜色丰富、造型夸张的首饰或工艺品（图6-1、图6-2）。

图6-1 手镯，彼得·张（Peter Chang），环氧树脂、丙烯酸颜料

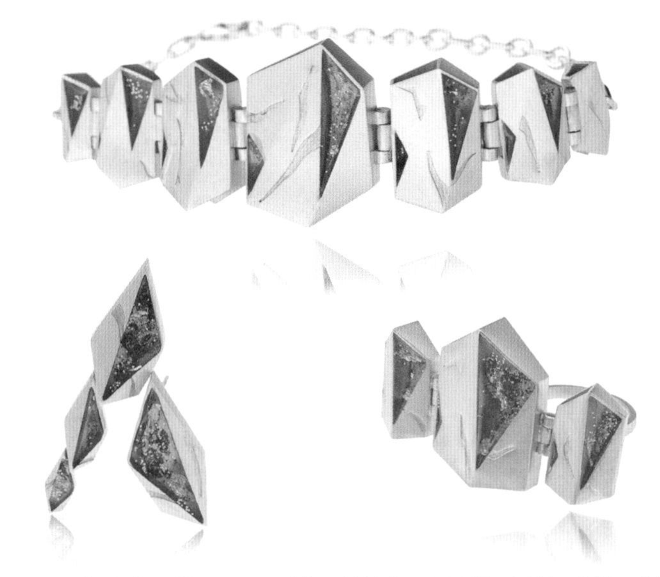

图6-2 “天使”手链、耳环及戒指，沈沁仪，925银、树脂、金箔、金漆

二、聚丙烯

聚丙烯（Polypropylene）是一种由丙烯聚合而成的热塑性树脂，主要用于装饰用布和工业领域，其具有良好的韧性和耐腐蚀性，是化学纤维中最轻的品种。设计师可以利用这类材料质地轻、可染色、有韧性及可塑性高的特点，制作造型夸张的大型首饰，或软雕塑（Soft Sculpture）艺术摆件。这类首饰通常具有较高的艺术性，色彩鲜艳，给人以强烈的视觉冲击（图6-3）。

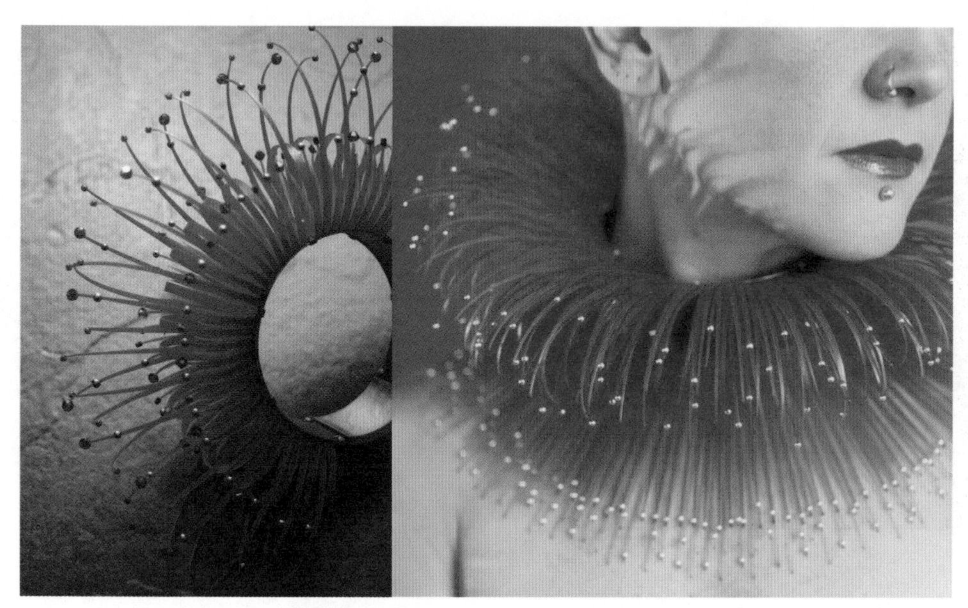

图6-3　手镯及项饰，阿努什·沃丁顿（Anoush Waddington），
聚丙烯、钻石、银、不锈钢、水晶和宝石

三、光敏树脂

光敏树脂别名紫外线固化无影胶，是光固化快速成型的材料。近些年来，3D打印技术被频繁应用于首饰行业，光敏树脂正是3D打印的主要材料之一，它具有成型度高、质地轻、价格低廉等优势，灵活地运用这些特性可以制作结构复杂、颜色绚丽、佩戴多元化的独特的首饰。

作品“无尽海底”及其制作过程如图6-4、图6-5所示。

图6-4　“无尽海底”胸针，高睿，光敏树脂、铝丝、丙烯颜料

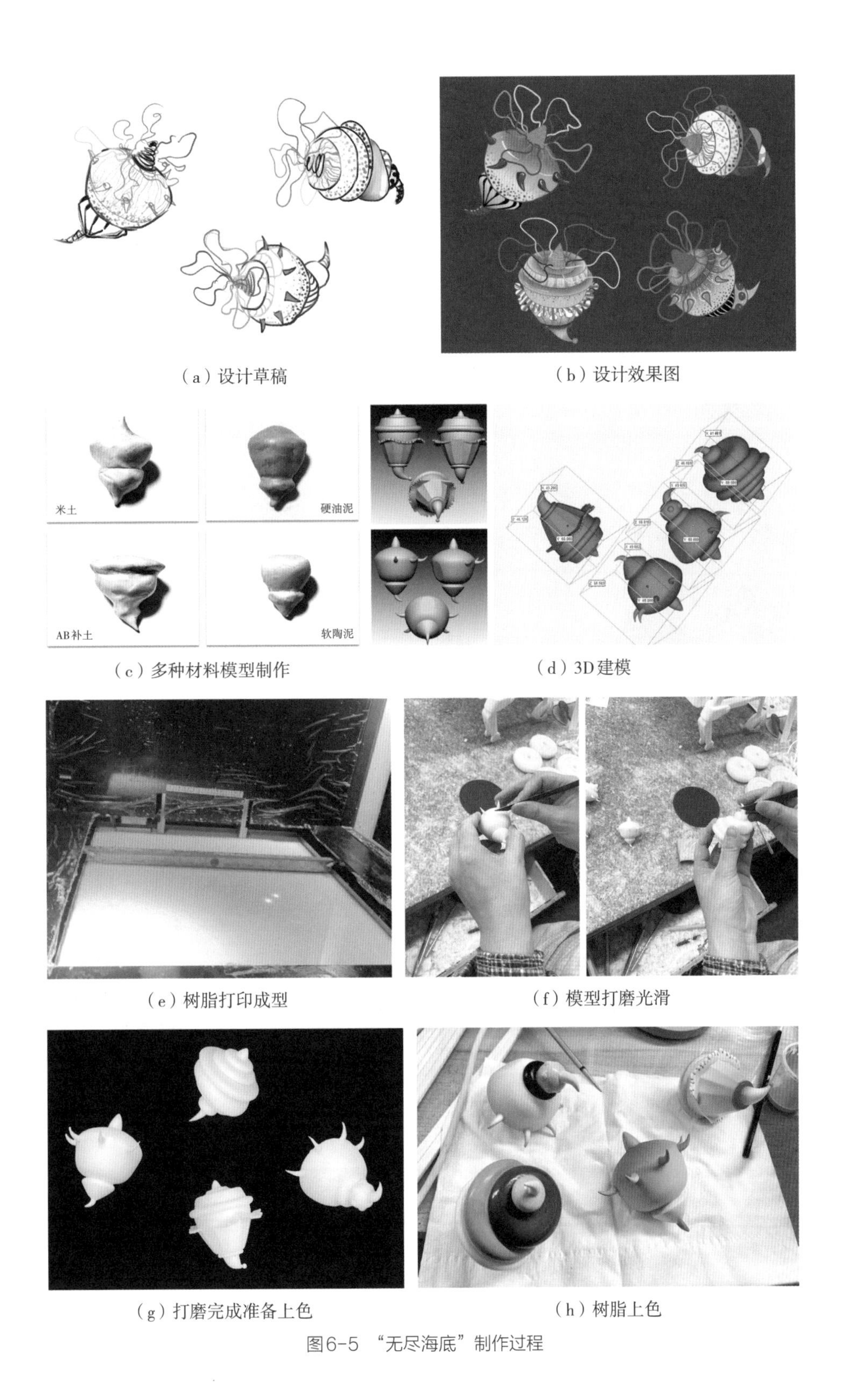

（a）设计草稿

（b）设计效果图

（c）多种材料模型制作

（d）3D建模

（e）树脂打印成型

（f）模型打磨光滑

（g）打磨完成准备上色

（h）树脂上色

图6-5 “无尽海底”制作过程

作品“幻象玩家-2000”及其制作过程示范如图6-6、图6-7所示。

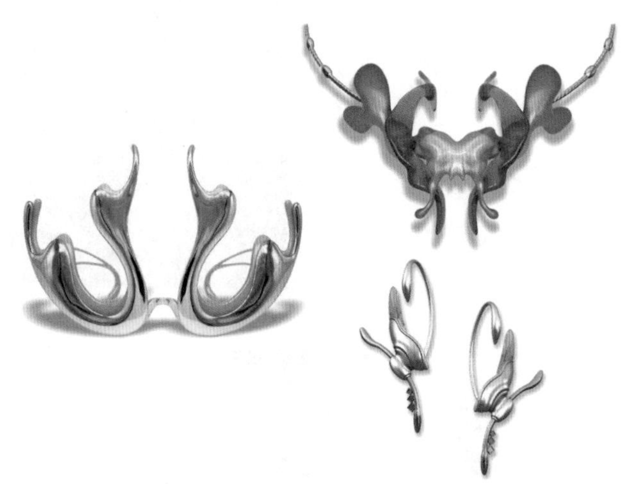

图6-6 “幻象玩家-2000”面饰、项链、耳环，赵广阔，光敏树脂、透明树脂、模型漆、铜

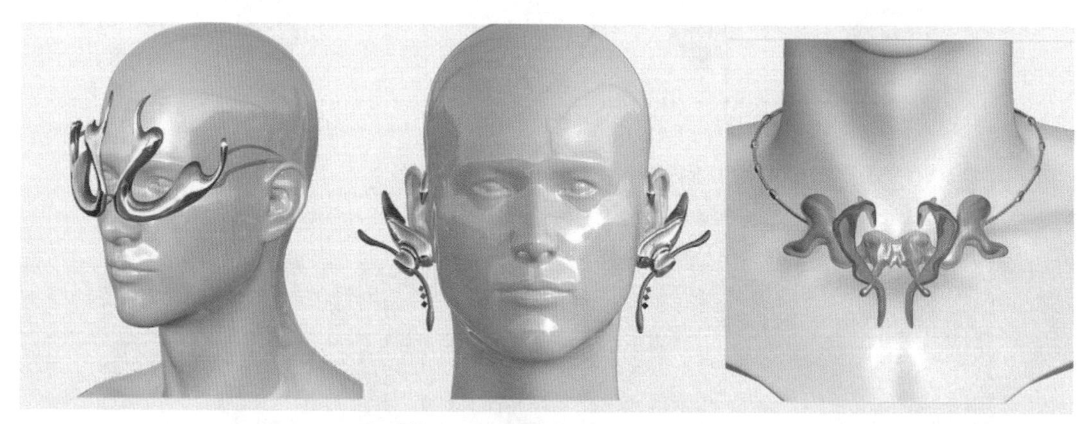

（a）使用Nomad建模软件渲染首饰效果

（b）纸模型测试

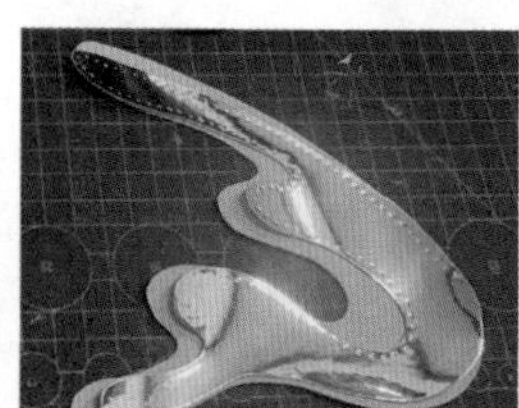

（c）质感材料模拟

（d）初版立体建模

（e）模型3D打印

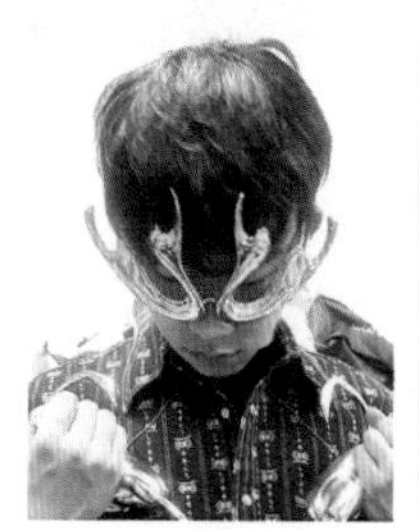

（f）模型尺寸确定

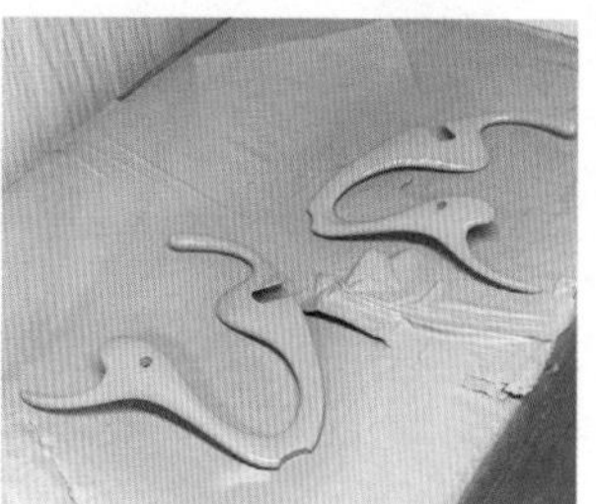

（g）亮面喷漆着色

（h）偏光喷漆着色

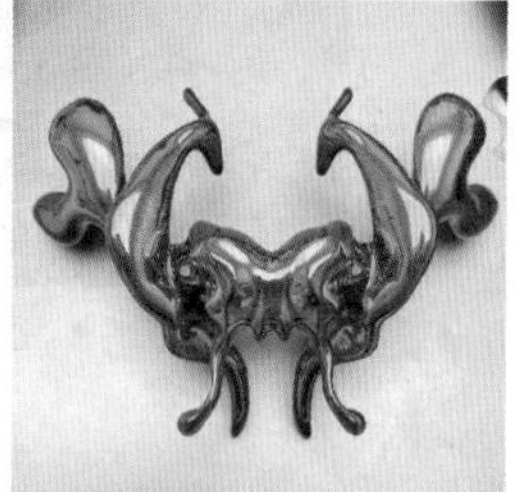

（i）树脂电镀着色

（j）磨砂质感喷漆　（k）电镀树脂染色　（l）透明树脂染色　（m）染色树脂样品

（n）眼镜模型拆分　（o）耳饰模型拆分　（p）模型分件拼合　（q）模型拼合测试

图6-7 “幻象玩家-2000”制作过程

其他设计作品如图6-8~图6-10所示。

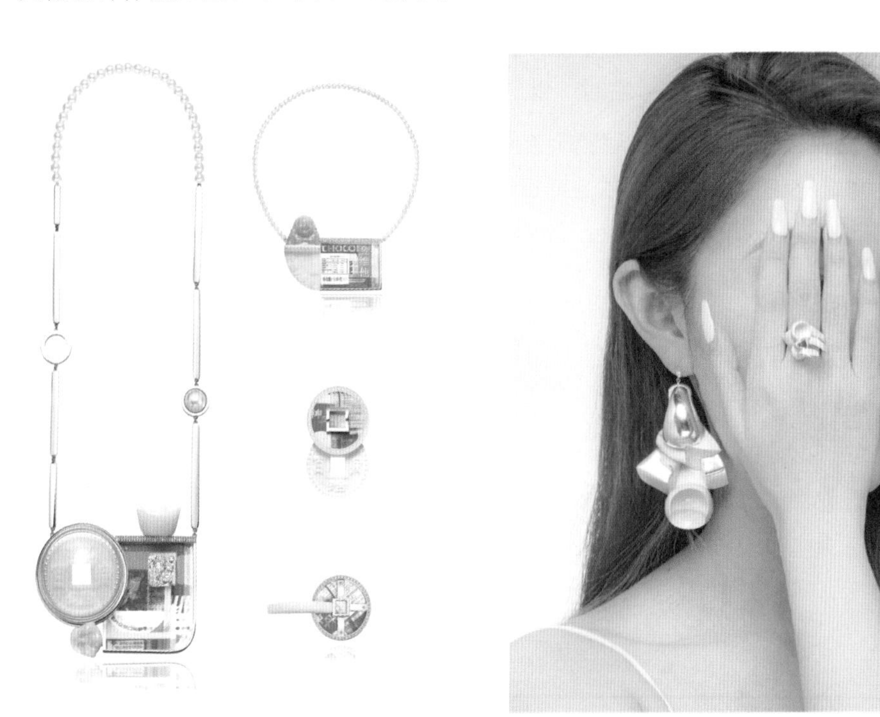

图6-8 “悬羊头，卖狗肉”，周诗源，树脂、PVC、纸、玉、亚克力、人造珍珠

图6-9 “斑斓”耳环、戒指，毛琳，树脂、925银、漆

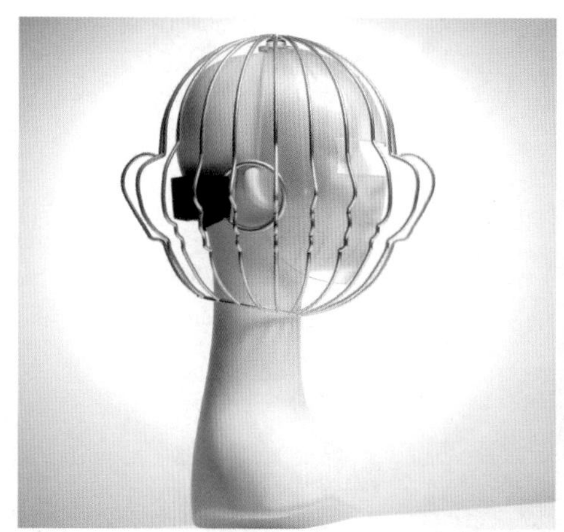
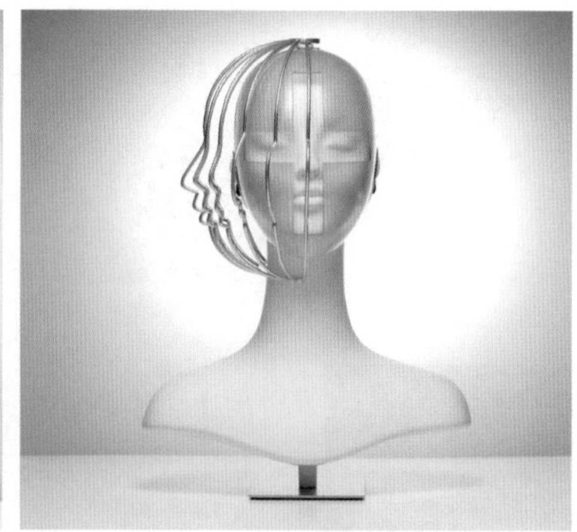

图6-10 “樊笼”面饰，朱敏，光敏树脂、925银、银粉漆、色粉

四、生物树脂

生物树脂（Bio organic Resin）是由有机和可再生的材料制成的，具有可持续性和可再生性。不可降解的塑料垃圾一直对环境造成严重影响，而生物树脂可作为传统聚氨酯塑料的新替代品。生物树脂可以应用在餐具、玩具、家具、办公用品等多个领域。能够制作生物树脂的材料有卡拉胶、海藻酸钠、结冷胶、明胶（吉利丁）、琼脂粉等，辅助材料有甘油、色素、氯化钠等。通过控制材料比例以及环境干湿度可以制作出软硬度不同的生物树脂（图6-11）。“环保”主题一直是当代首饰设计师们所关注的课题，近些年也有一些相关的作品（图6-12）。

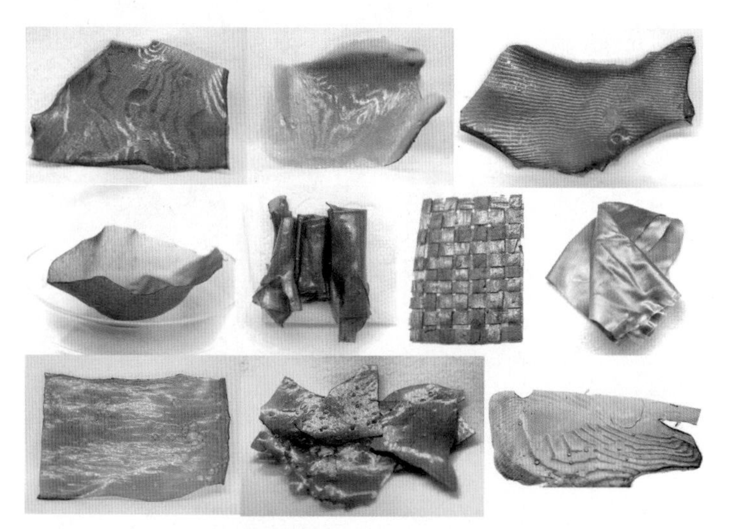

图6-11 生物树脂造型练习——弯折、弯曲、编织、堆叠，赵广阔

图6-12 “栖息地”胸针，雅艾尔·奥拉菲（Yael Olave），生物树脂、再生塑料（除臭剂球）、天然颜料、黄铜、银和不锈钢。摄影：特凡尼亚·皮氏斯（Stefania Piccoli）

其他树脂作品如图6-13、图6-14所示。

图6-13 “二倍体”项链，菲利普·卡里齐（Phillip Carrizzi），ABS，2007年

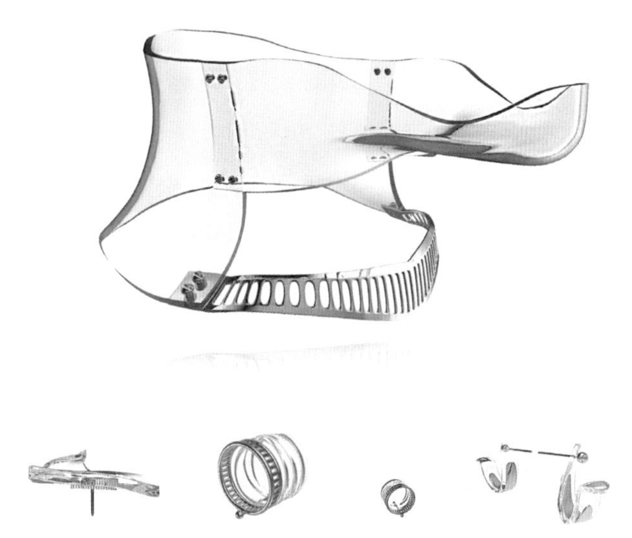

图6-14 “首护”项饰、耳饰、胸针、手镯、戒指，林沁彤，树脂、铜镀金

第二节 塑料

塑料（Plastic）是一种常见的材料，应用非常广泛，塑料制品在人们的日常生活中随处可见。它与树脂一样有着质地轻、可塑性强、色彩丰富和价格低廉等优点。塑料是高分子化合物，特点是通常处于固体或凝胶状态，具有较好的机械强度、绝缘性、耐腐蚀性和可塑性。塑料的英文Plastic源于希腊单词“Plastikos”，意思是适合模制，是指材料有延展性和可塑性，可以将它浇铸、压制或挤压成各种形状，例如板材、管材、瓶子、盒子、薄膜和纤维等。塑料的主要成分是合成树脂，含量一般占塑料的40%~100%，也就是说树脂的性质决定着塑料的性质，所以塑料和树脂的概念经常被混淆，除了100%树脂的塑料外，绝大部分的塑料还会添加其他物质，例如填料、着色剂、增塑剂、稳定剂和润滑剂等。塑料分为热塑性塑料和热固性塑料。热塑性塑料加热时会软化，冷却后会再次硬化，可以反复加工，在溶剂中可以溶解。热固性塑料一旦成型就不会软化，为一次硬化定型，不可以反复加工，也不会在溶剂中溶解。

一、有机玻璃

首饰创作中常用的塑料是有机玻璃（Polymethyl Methacrylate，PMMA），它是热塑性塑料的一种，又称为亚克力或明胶玻璃。有机玻璃具有较好的化学稳定性和透明性，可染色、易加工、重量轻，通常作为玻璃的替代品，价格低廉，应用范围非常广泛，例如建筑、医疗、机械、广告和日常用品等。有机玻璃有无色透明、有色透明、珠光和压花四种类型。它可以通过热成型加工成各种形状，也可以进行锯、钻、切削、打磨和抛光等机械加工。此外有机玻璃可以印刷、涂绘、黏结、烫金和印花等工艺进行二次处理。需要注意的是，亚克力片在加工时极易在表面留下划痕，如果购买成品亚克力片可以保留上面的保护膜，或在亚克力表面贴上纸带胶作为保护膜，待制作完成后再将保护膜撕下。

作品“灵”及其制作过程示范如图6-15、图6-16所示。

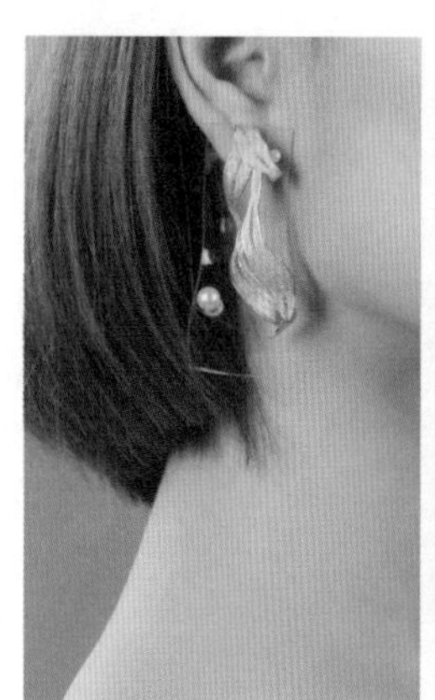
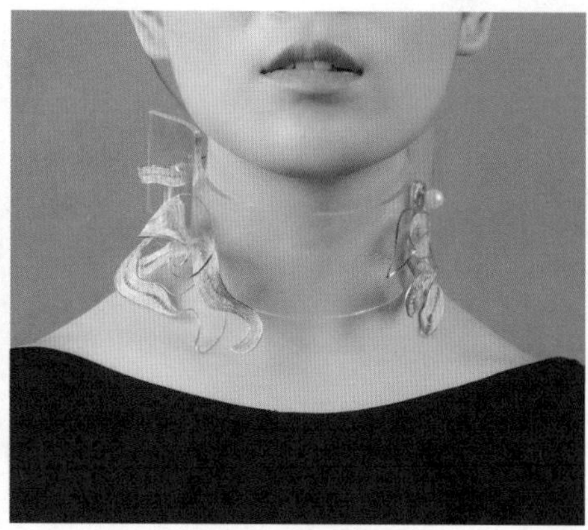
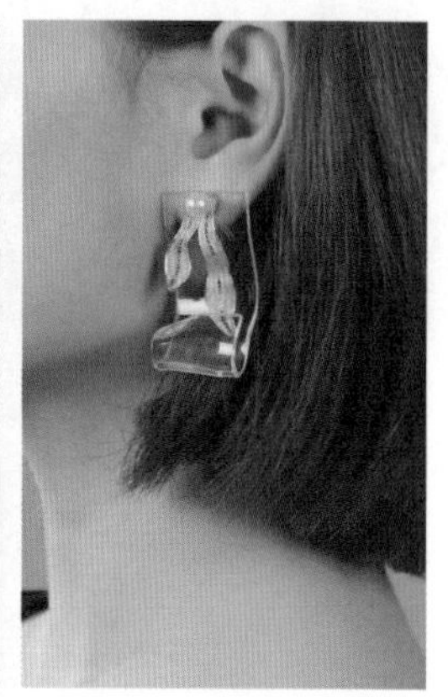

图6-15 “灵”耳环及项圈，王晨璐，银镀金、有机玻璃、珍珠

（a）银丝退火

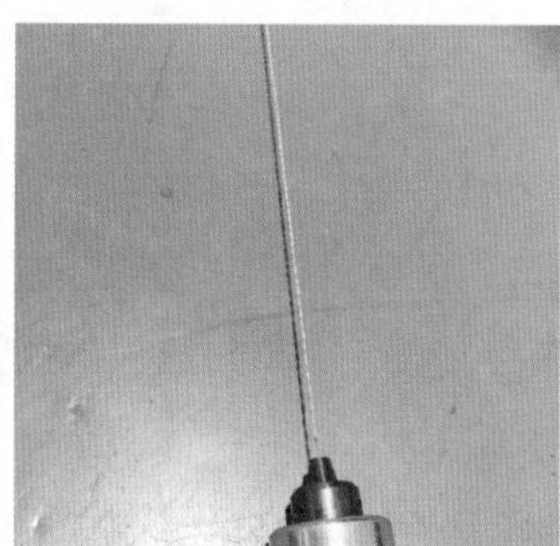

（b）卷丝

（c）压丝

（d）压好后的卷丝

（e）制作外框

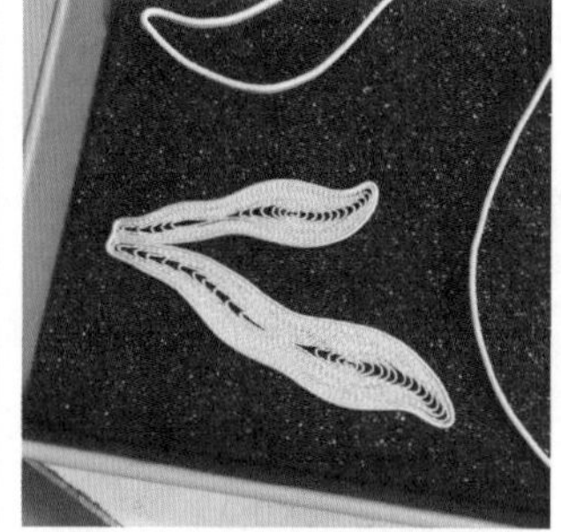

（f）完成填丝

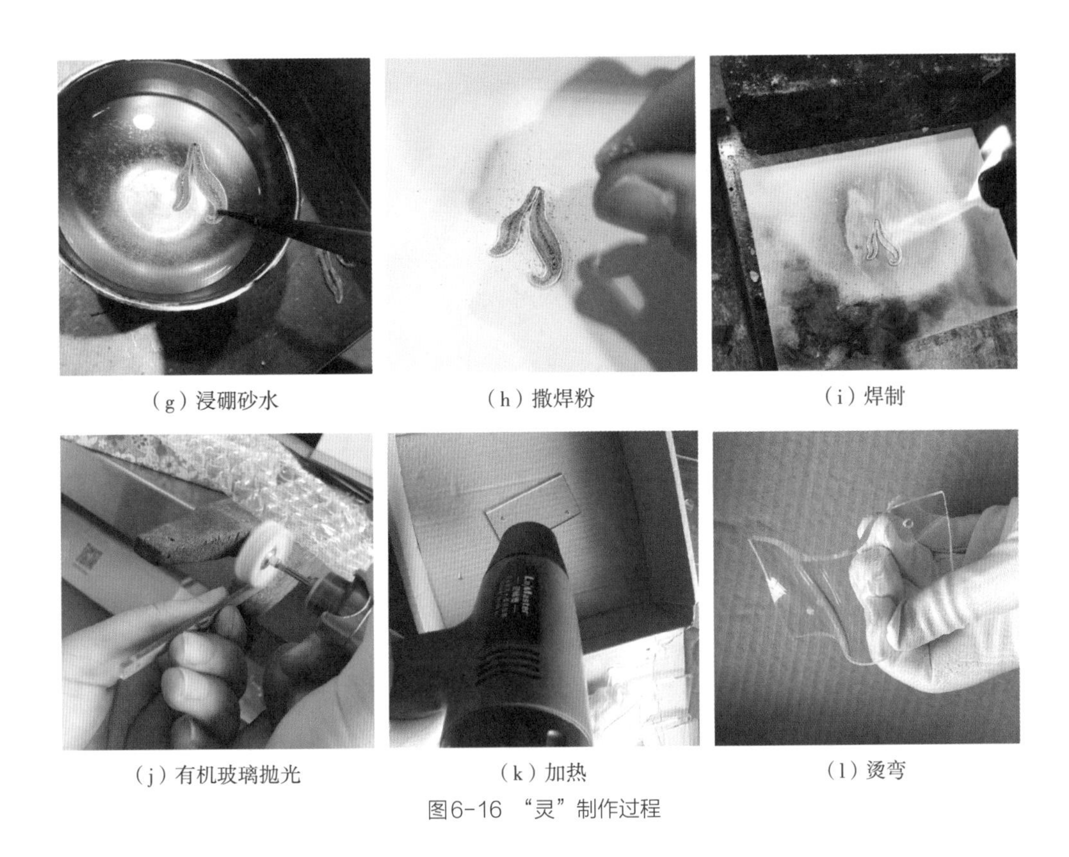

（g）浸硼砂水　（h）撒焊粉　（i）焊制

（j）有机玻璃抛光　（k）加热　（l）烫弯

图6-16 “灵”制作过程

其他设计作品如图6-17~图6-19所示。

图6-17　戒指，佩特拉·齐默尔曼（Petra Zimmermann），有机玻璃、黄金、宝石

图6-18 项链，马辛·图明斯基（Marcin Tuminski），有机玻璃、银镀金

图6-19 “凤毛”耳环及戒指，郭鸿旭，有机玻璃、珍珠、锆石、银链、黄铜

二、胶木

胶木（Bakelite）是一种热固性酚醛树脂，由苯酚与甲醛的缩合反应形成。这是第一种由合成成分制成的塑料，1907年由比利时化学家利奥·贝克兰（Leo Baekeland）在纽约扬克斯开发。这种材料常被用于连接电器和电源之间的电气接插件。设计作品示例如图6-20、图6-21所示。

图6-20 “果冻豆”手镯和耳环，丹尼尔·布鲁什（Daniel Brush），胶木、红宝石和钻石，1991年，拥有者：席格森（Siegelson）

图6-21 “袖口”手镯，丹尼尔·布鲁什（Daniel Brush），胶木、钢、金和钻石，2004年，拥有者：席格森（Siegelson）

三、塑料的循环利用

塑料应用广泛也使得其对环境的污染愈加严重，所以近些年来不少设计师在研究如何循环利用这些材料，除了上一节中提到的可降解的生物树脂外，利用回收塑料再创作也是非常有效的方法。回收的塑料可以通过剪切、加热的方式改变造型，也可以染色处理（图6-22、图6-23）。

图6-22　项链，法比亚娜·加达诺（Fabiana Gadano），回收PET塑料瓶、PVC线和镀黄铜

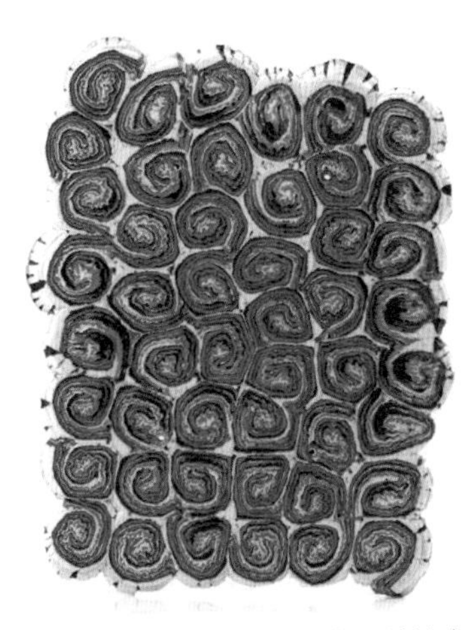

图6-23　胸针，马里奥·阿尔布雷希特（Mario Albrecht），回收塑料袋、铝箔和银

第三节　橡胶

橡胶是一种聚合物材料，属于高分子材料，具有高弹性、电绝缘性、耐化学腐蚀性、耐磨性及密封性等特点，其中高弹性是橡胶材料独有的特性，其在外力的作用下会产生形变，当去除外力后能恢复原状。橡胶的用途十分广泛，包括生活用品、交通运输、电子通信、航空航天、医疗领域等。橡胶分为天然橡胶和合成橡胶，有块状、粉末状、乳胶、液态几种形态。天然橡胶是对三叶橡胶树割胶流出的胶乳凝固和干燥后得到的，无花果树、银菊、杜仲草、橡胶草等植物中也可以得到橡胶。合成橡胶是各种单体经过聚合物反应合成的材料，首饰倒模和制作中常用的硅胶就是其中的一种。

硅胶是橡胶的一种，也被称为硅橡胶。它常被用于医疗、国防军工、工农业生产以及日常生活用具等领域，具有无毒、耐高温、耐低温和电器绝缘性等优良特性。硅胶在首饰制作中常用于制作翻模的模具，也有设计师直接使用这种材料制作首饰。

首饰用的硅胶是液体状态，分为A和B两部分，需要以1：1的比例调和，然后倒入模具中成型，模具可以用塑料、KT板或模具积木等，但要保证封闭性，可以用热熔胶或胶带将缝隙封住，将被翻模的物体用胶固定在底部，然后将调配好的硅胶浇在上面。因脱模的需要，硅胶一定要高于翻模的物体。目前市面上的硅胶有多种品牌，它们的制作方法略有不同，例如像素（Pixiss）硅胶，A、B部分搅拌混合5分钟后可以使用，倒入模具后需要24小时消泡凝固脱模，成品硅胶是半透明的（图6-24）。71-11 Platsil硅胶则需要真空消泡后4小时即可凝固脱模，成品硅胶颜色呈蓝色。硅胶有不同的硬度，度数越高的越硬，可以根据所需选择度数。在购买硅胶时一定要咨询清楚它的使用方法。

图6-24　像素（Pixiss）硅胶

硅胶可以上色使用，第一种方法是在硅胶中调入专用颜料，用玻璃棒搅匀，可以形成均匀的单色硅胶（图6-25）。需要注意的是，不同品牌的颜料使用方法略有不同，例如某些品牌的颜料需要先加入B溶液中调和后再加入A溶液。第二种上色方法是将稀释液与硅胶混合之后加入硅胶颜料搅匀。用笔刷将搅匀的有色硅胶涂在硅胶成品上面，这种方法可以制作多色的硅胶。第三种上色方法是酒精油彩，这种油彩通常用于特效上妆，是一种固体油彩，需用99%纯度的酒精溶解使用，具有一定的防水作用，效果类似于透明的水彩颜色。

图6-25　硅胶专用颜料

硅胶作品“蓝梦”及制作过程示范（图6-26、图6-27）。

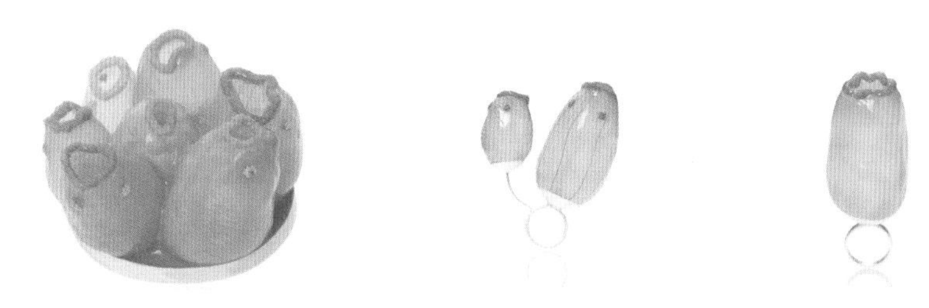

图6-26 “蓝梦”胸针及戒指，廖文清，硅胶、银、彩线

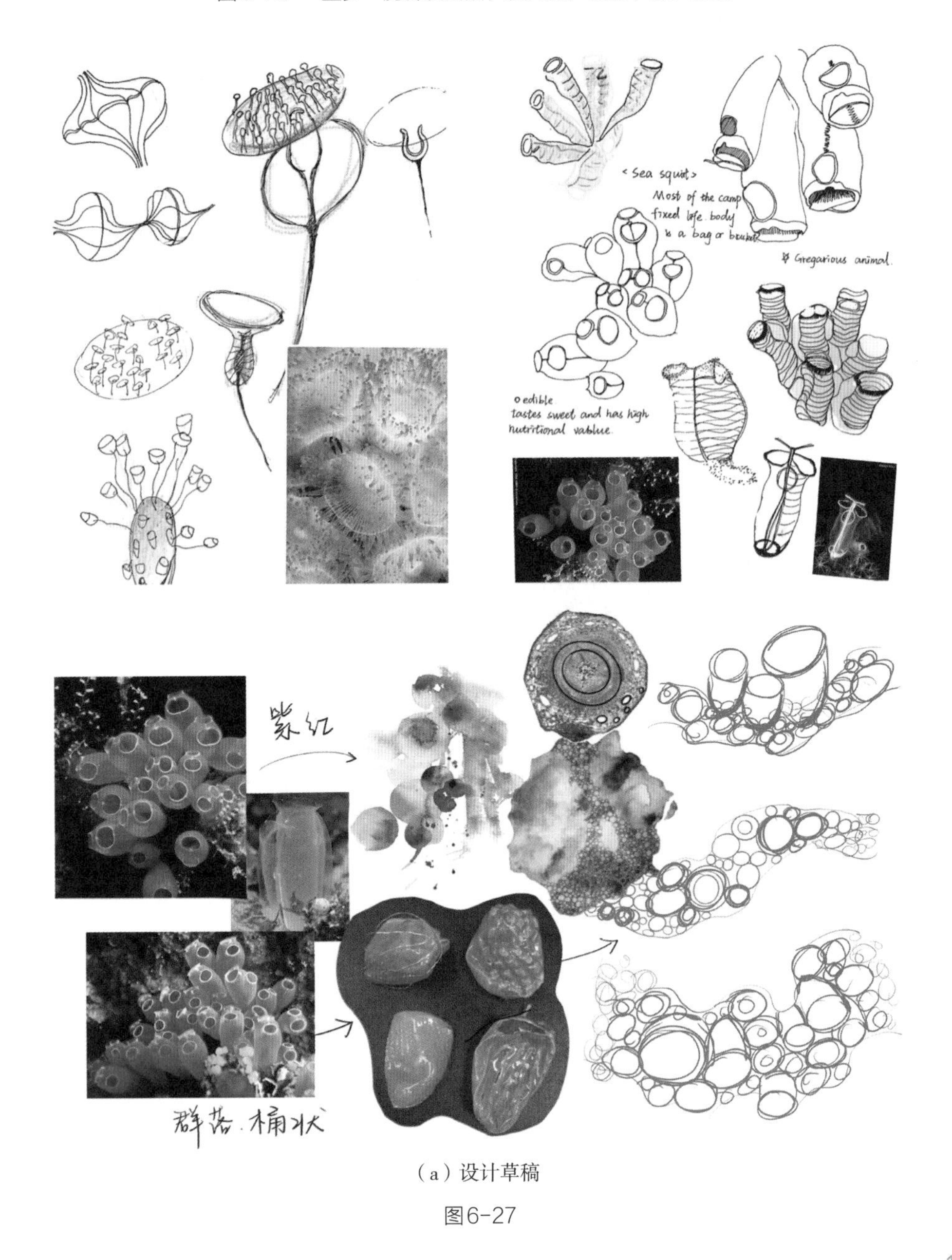

（a）设计草稿

图6-27

（b）硅胶试验小样

（c）选择合适的造型并进行进一步处理

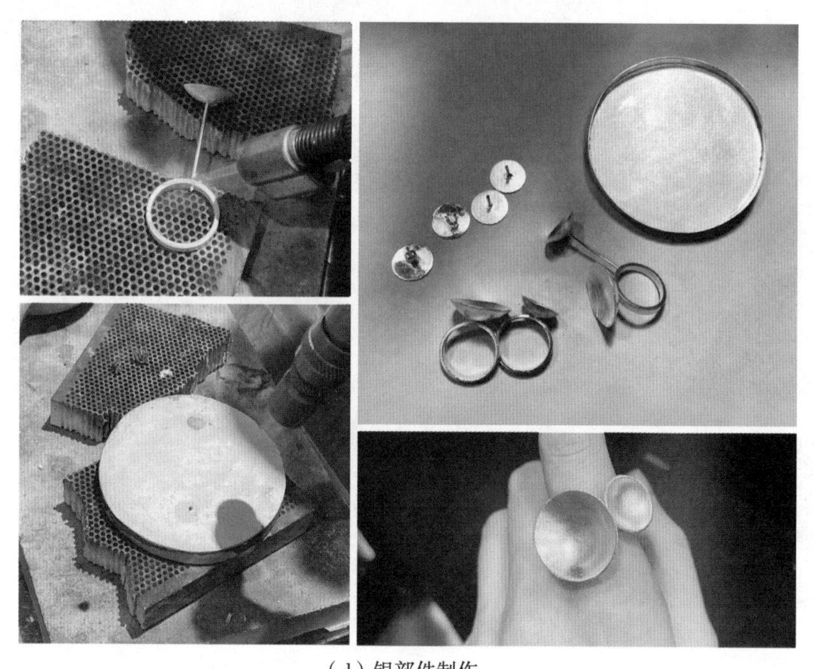

（d）银部件制作

图6-27 “蓝梦”制作过程

其他作品示例如图6-28～图6-33所示。

图6-28 项链，安德烈·里贝罗（André Ribeiro），橡胶、钻石、18K白金

图6-29 戒指，劳拉·福特（Laura Forte），3D打印橡胶

图6-30 “关系”项链，诺亚·海宁（Noa Henen），黄铜、橡胶、纺织品

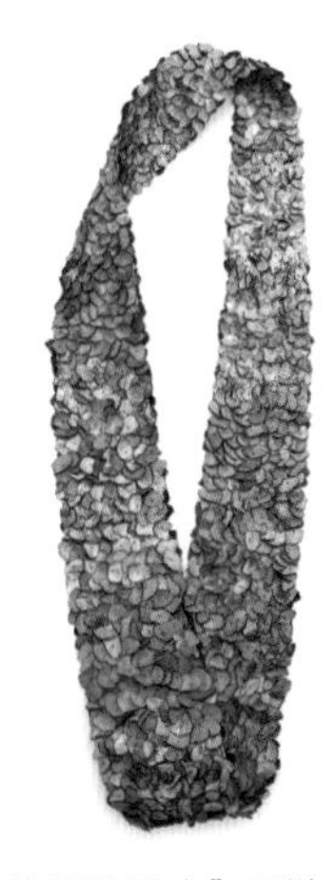

图6-31 “植物群的回声”项链，普斯托米滕科（Pustomytenko），车轮橡胶、天然乳胶、棉线、丙烯酸树脂

图6-32 “保护启示Ⅰ”胸针，丹尼斯·朱莉娅·雷坦（Denise Julia Reytan），聚酰胺、硅胶、有机玻璃、绿松石、玻璃、玫瑰石英、气泡膜、胶带、银、不锈钢、镀银

图6-33 “吻”胸针，权瑟琪（Seulgi Kwon），硅胶、颜料、塑料、螺纹、不锈钢

思考题

1. 首饰常用的高分子材料有哪些?
2. 简述环氧树脂的制作方法。
3. 有机玻璃的加工方式有哪些?
4. 简述硅胶的制作方法。
5. 硅胶的上色方法有哪几种?

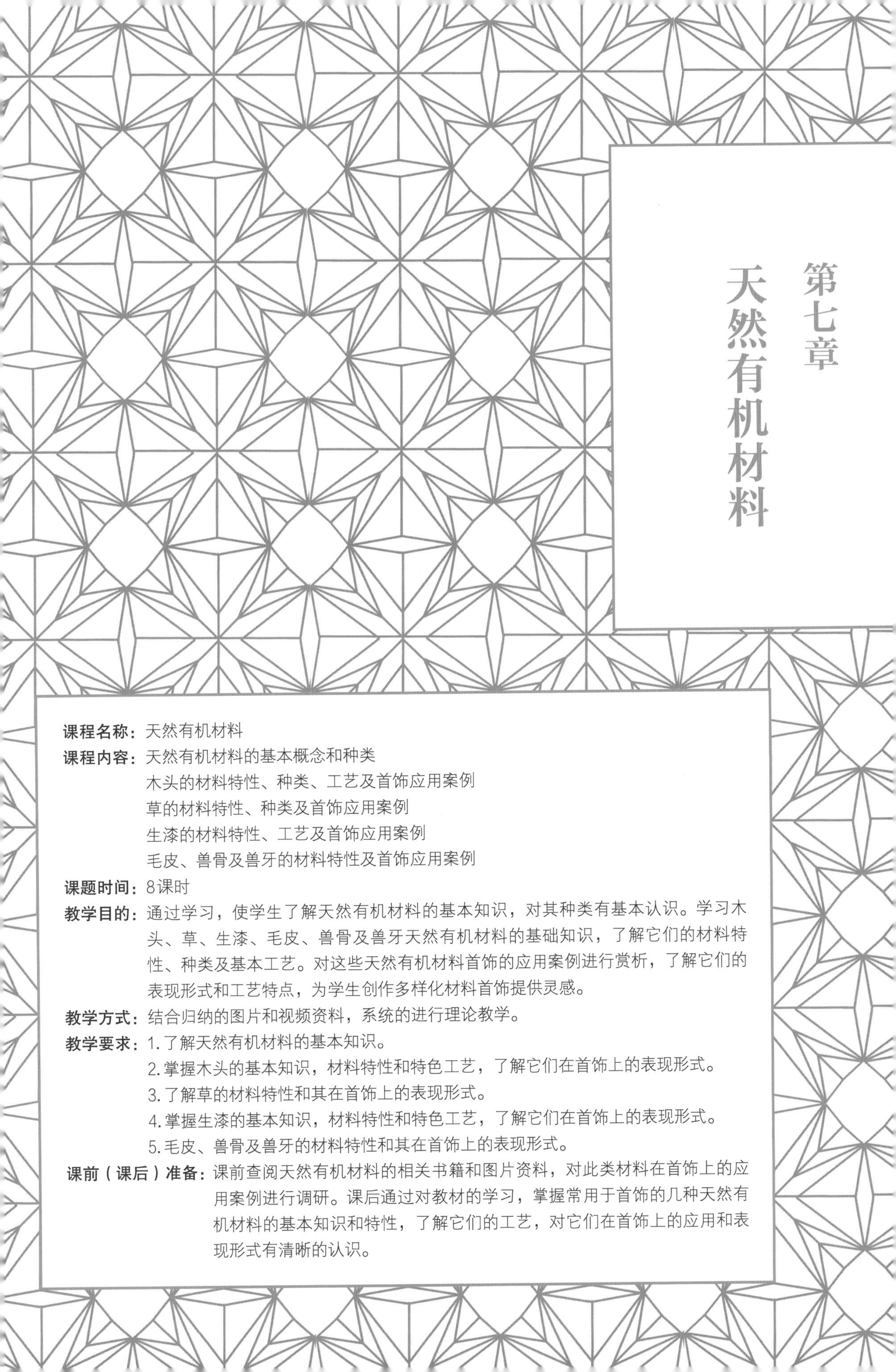

第七章 天然有机材料

课程名称： 天然有机材料

课程内容： 天然有机材料的基本概念和种类
木头的材料特性、种类、工艺及首饰应用案例
草的材料特性、种类及首饰应用案例
生漆的材料特性、工艺及首饰应用案例
毛皮、兽骨及兽牙的材料特性及首饰应用案例

课题时间： 8课时

教学目的： 通过学习，使学生了解天然有机材料的基本知识，对其种类有基本认识。学习木头、草、生漆、毛皮、兽骨及兽牙天然有机材料的基础知识，了解它们的材料特性、种类及基本工艺。对这些天然有机材料首饰的应用案例进行赏析，了解它们的表现形式和工艺特点，为学生创作多样化材料首饰提供灵感。

教学方式： 结合归纳的图片和视频资料，系统的进行理论教学。

教学要求： 1. 了解天然有机材料的基本知识。
2. 掌握木头的基本知识，材料特性和特色工艺，了解它们在首饰上的表现形式。
3. 了解草的材料特性和其在首饰上的表现形式。
4. 掌握生漆的基本知识，材料特性和特色工艺，了解它们在首饰上的表现形式。
5. 毛皮、兽骨及兽牙的材料特性和其在首饰上的表现形式。

课前（课后）准备： 课前查阅天然有机材料的相关书籍和图片资料，对此类材料在首饰上的应用案例进行调研。课后通过对教材的学习，掌握常用于首饰的几种天然有机材料的基本知识和特性，了解它们的工艺，对它们在首饰上的应用和表现形式有清晰的认识。

天然有机材料是指未经人手深度加工的天然材料，主要包含植物界的木材、植物以及动物界的毛皮、皮革、兽骨等。这些具有原始感的有机材料备受首饰创作者的喜爱，它们的一些加工方式也与首饰制作相似，天然有机材料通常会与其他材料结合制作首饰，以增加首饰的可佩戴性、趣味性和观赏性。

第一节　木头

木头是一种有机材料，具有多孔的纤维结构组织，存在于树木和其他木质植物的茎和根部。树木在砍伐后，经过加工就可以成为制造器物、家具和建筑的材料。木头也是较为常见的首饰材料，它与金属有着不少相似的处理方法，例如锯、切割、钻孔、打磨等。木头可以切割和打磨成立体形状（图7-1、图7-2），可以雕刻、镟制和层压，也可以刨削成薄片使用（图7-3、图7-4），一般使用胶合剂或镶嵌的方式与其他材料结合（图7-5、图7-6），也可使用水煮使木料变软后弯曲的方法制作造型。

图7-1　“飞蛾”胸针，斯蒂芬妮·詹迪斯（Stephanie Jendis），乌木、赤铁矿、氧化银

图7-2　项链，玛丽亚·克里斯蒂娜·贝鲁奇（Maria Cristina Bellucci），彩色铅笔、弹力线和磁性封扣

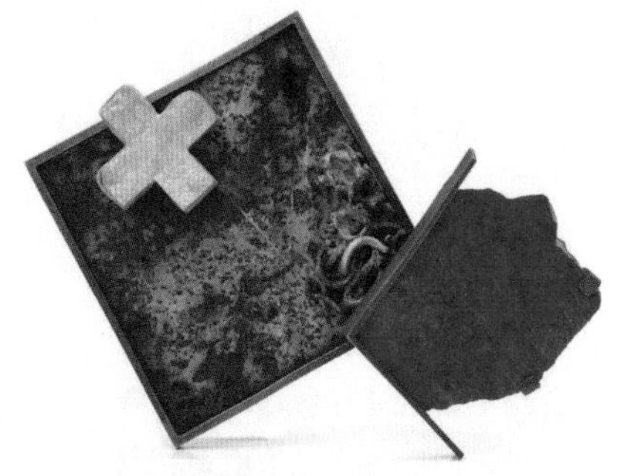

图7-3　胸针，路易斯·科明（Lluis Comin），氧化银、18K金、铁、青金石、乌木和钢

图7-4　胸针，宝诗龙，桑托斯木材（Santos Wood）、钻石和钛，花蕊可颤动

图7-5 “禅意”戒指，朱佳敏，木头、925银镀金

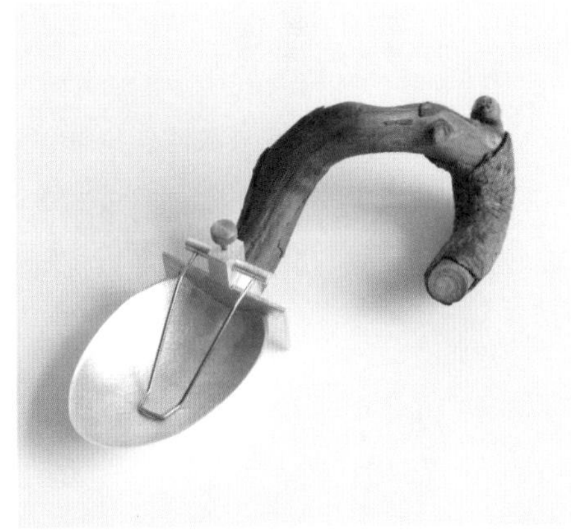

图7-6 “持勺器”，勺子，西古尔德·布朗格（Sigurd Bronger），木头、银、黄铜、不锈钢

木头首饰除了一些常见的加工方式外，还有较为复杂的嵌丝和细工镶嵌工艺。

一、嵌丝

在木头上嵌丝是一种传统的工艺，可以用于制作首饰、工艺品和家具等。这是一种以木头为底在其上嵌入金银丝的工艺。工艺步骤如下：先将图案描绘在木料上，按照图案的线条在木料上刻槽，刻槽的工具可以是錾刻刀或激光雕刻机，凹槽的深度和宽度根据图案进行调整。将金或银丝压嵌入凹槽中，如果图案比较复杂或花纹比较密集则需要边开槽边嵌丝，否则木料会迸裂。丝嵌入木头后，用木槌轻轻将丝的表面敲实，直到平整。后期还需要打磨、上蜡或者上漆（图7-7、图7-8）。

图7-7 手镯，凯滕（Qayten TT），木头、黄金、钻石

图7-8 吊坠，埃拉·海蒂·桑德（Ella Heidi Sand），银、木头、尼龙线，摄影：卡米拉·路易斯（Camilla Luihn）

二、细工镶嵌

细工镶嵌是一种将木材、象牙、龟甲、贝母、黄铜或精细金属等制成薄片并拼镶成装饰图案的工艺，可用于家具、表面光滑可贴面的物件，或独立图案的板材上面。细工镶嵌最早被16世纪早期的安特卫普用于橱柜制造，16世纪中叶由于技术的发展，新的切割工具可以更加精准地切割出各种形状，工匠们开始将薄片拼成更加复杂的图案黏合在纸上，然后将纸张粘在基板上，这与传统的镶嵌方法有着较大的区别。17世纪中叶细工镶嵌被引进法国制造豪华的家具，17世纪50年代，花卉的细工镶嵌技术在巴黎的家具中备受青睐。在接下来的几个世纪里，法国、德国和荷兰都建立了细工镶嵌的学校。从16世纪到18世纪，许多精美的细工镶嵌作品主要出现在装饰家具上，后来这种工艺从欧洲向西延续到美国和更远的地方。在当代的首饰设计中也有设计师对此工艺深深着迷，例如巴西设计师西尔维娅·富马诺维奇（Silvia Furmanovich）的细工镶嵌系列首饰（图7-9、图7-10），虽然镶嵌的图案看起来是无缝的，但实际上需要将多种有色木材手工切割和拼合。工匠们需要寻找倒下的树枝或树皮作为原材料，将这些木材回收后再使用，这是一个可持续性的过程。将这些木材用专门的水洗系统清洗后浸泡在水和矿物质中，能够自然地增强它们的颜色。将这些原生的木材与各色的宝石，如紫水晶、黄水晶、黄玉、橄榄石、月光石、绿柱石、白榴石、火蛋白石、石榴石和烟熏石英等组合，宝石艳丽的色彩和刻面所折射出的耀眼光芒与木头的质朴形成了质感上的对比，使得首饰更具特色。

图7-9 “海棠叶”耳环，西尔维娅·富马诺维奇（Silvia Furmanovich），18k玫瑰金、钻石、红宝石、电气石、木镶嵌

图7-10 “叶子”手镯，西尔维娅·富马诺维奇（Silvia Furmanovich），18k黄金、斜纹石和木镶嵌

第二节 草

草的概念较为广泛，是茎干比较柔软的植物的统称，常见的有花草、青草、水草等。在首饰设计中也有不少设计师将草作为制作材料，常见的几种创作方式是将草编织成图案或利

用草的韧性将其弯曲出造型，通常会与其他材料结合制作。例如巴西设计师西尔维娅·富马诺维奇的Amazonia Bamboo（亚马逊竹子）系列首饰（图7-11、图7-12）。竹子是草本植物，也是草的种类之一，具有韧性、灵活性和耐用性的特点，数千年来一直被艺术家用来创作复杂的编织物品和工艺品。西尔维娅将竹子切割并切片，制作成精致的细丝，再将其编织成竹片，与镶有宝石和钻石的18K金结合，这种天然材料与金属和宝石的结合使其结构更加复杂，质地和颜色更加丰富。

除了将草编织使用外，也有设计师将整株草或者植物做成概念首饰，这类首饰通常想要表达的是环保的主题（图7-13、图7-14）。

图7-11 耳环，西尔维娅·富马诺维奇，18K黄金、钻石、电气石、竹子

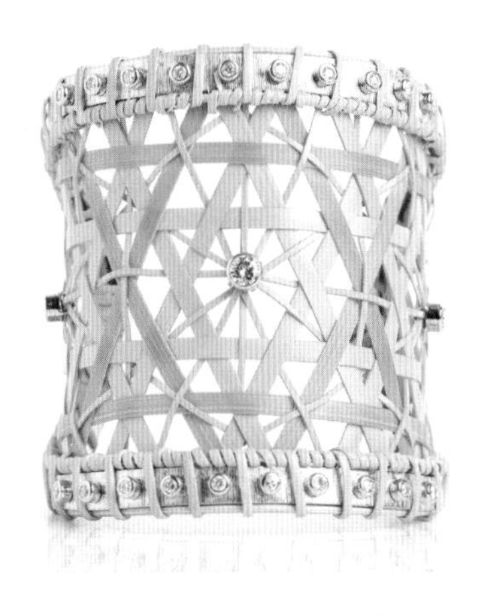

图7-12 手镯，西尔维娅·富马诺维奇，18K黄金、钻石、竹子

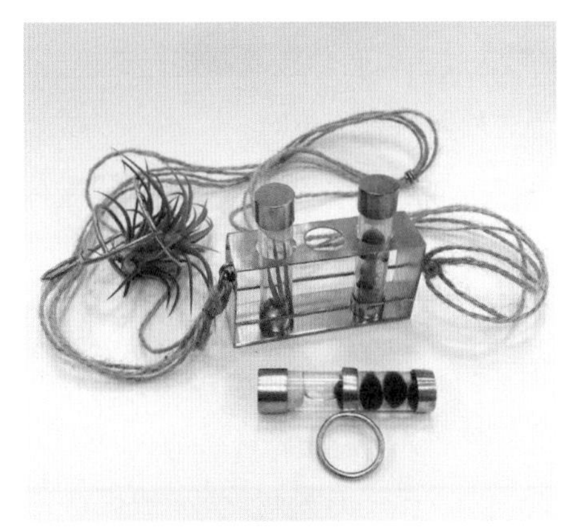

图7-13 “浮游”戒指、项链（可拆卸、重组），倪晨，紫铜、空气凤梨、海藻球、试管

图7-14 戒指，莎拉·胡德（Sarah Hood），银、植物

第三节 生漆

生漆也被称为大漆，是一种从漆树上采割的乳白色液体涂料。它是天然形成的材料，在接触空气后会逐步变为褐色，大概4小时后会硬化成漆膜，具有无毒、耐腐蚀、耐磨、耐热、耐酸和绝缘性好等优良特性，并且富有光泽。生漆的用途广泛，例如军工、工业设备、纺织印染工业、家具、乐器和工艺品等领域。我国的漆艺使用的就是生漆，1978年在浙江省河姆渡文化遗址出土的红漆木碗和花瓶证明了早在新石器时代我国就已开始制作漆艺器皿，早期的漆器颜色有红色和黑色。历经商周直至明清，我国漆艺不断发展，并影响着日本、韩国、缅甸和印度等其他国家。漆艺最早被使用在首饰上的时间普遍认为是在第一次世界大战之后，也就是20世纪二三十年代，它被用于珠宝抛光和上漆，典型的案例大多为当时的“装饰艺术运动”（Art Deco）风格的首饰。

一、漆艺的基本步骤

（1）选择漆器的胎底。生漆可以与多种材料结合，所以胎底的种类比较丰富，例如木胎、竹胎、金属胎和陶瓷胎等。

（2）褙布。褙布是指在胎底上褙上纱布、麻布或绸布等轻薄而细的布，这一步骤的目的是防止日后漆面因为胎底纹理的凹陷产生不平整的表面，同时也能控制胎底的收缩性使其不容易开裂或者走形。褙布之前先要吃青，这是一道简单而重要的工序，就是用生漆将胎底通体薄涂一遍，是为了增加胎底的稳定性和表面的硬度。褙布时用生漆加面粉调和成黏合剂，通常生漆和面粉的比例是1∶1，在胎底上褙上麻布，工序完成后将胎体放入荫房让漆干透，在此过程中需要反复查看布面是否与胎底完全贴合。漆干透后剪除多余布料。

（3）刮灰。“灰”指灰泥，刮灰的道数一般根据胎体大小而定，胎体越大道数越多。灰分为粗、中、细三种，与生漆调和后均匀地涂刷在胎底上，先粗、中灰最后细灰，这三次是最基本的道数，漆灰刮完后要打磨平整：粗和中灰用干砂纸打磨，细灰用砂纸沾水湿磨。

（4）装饰。在干燥的胎底上一层层地涂刷调好颜色的大漆，放入荫房干燥，完全干透后再用湿砂纸打磨。大漆在涂刷时是非常薄的，因此需要涂刷多层以完成作品，每一次涂刷前都要保证前一层漆是干燥且高抛光的，有些漆艺作品甚至需要涂刷上百层，因此这是一项复杂且需要花费大量时间的工艺。

（5）打磨。这一步骤是为了更好地显现漆的纹理。因为在涂刷时是一层层上的颜色，有些层涂刷的颜色可能不一样，在打磨时会出现预料之外的花纹，这也是漆艺作品让人惊喜和有趣的地方（图7-15~图7-18）。

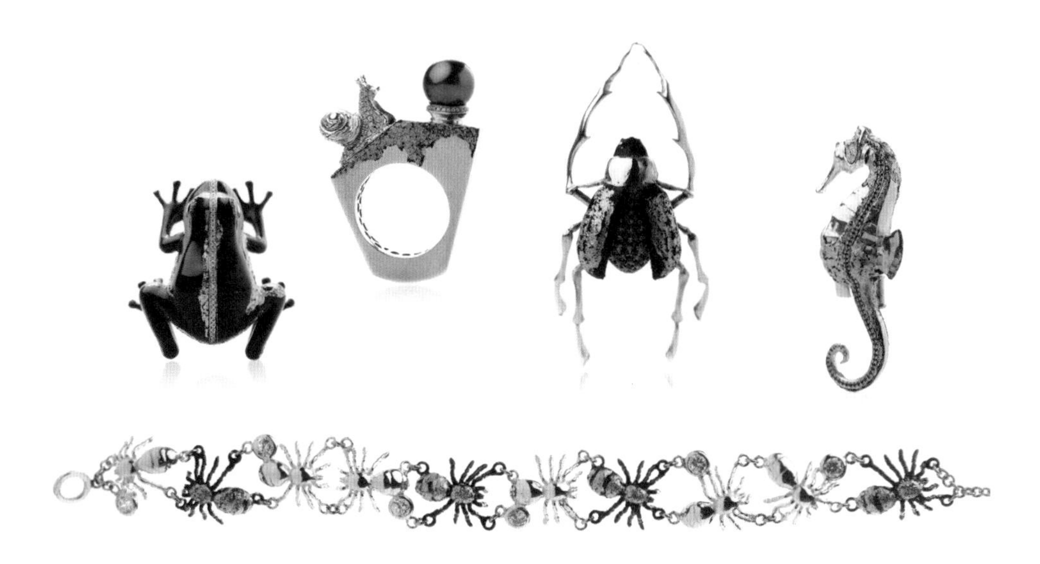

图7-15 “自然承载”，陆嘉楠，925银、生漆、锆石、金箔、珍珠

图7-16 “上善”，朱贝妮，生漆、银、欧泊、锆石

图7-17 “融”耳环及项链，王梓菀，银、漆、金箔

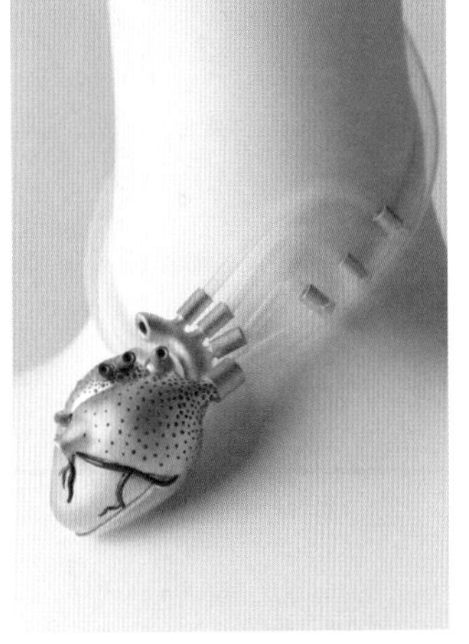

图7-18 “病变”项链、胸针和戒指，罗雨，925银、大漆、硅胶管

二、生漆作品制作示范

作品“病变”项链及其制作过程示范如图7-19、图7-20所示。

图7-20（e）中将稀释剂和调制好的漆分别装入注射器中，再一点点注射进心脏内部，首先注射稀释剂，其次注射大漆，将两者混合并摇匀，在内部慢慢晃动，用流动的漆尽量把每一个角落都接触到，待全部都均匀地附着在金属表面后，放入荫房晾干，最后把胶带仔细清理干净，内部漆艺部分完成。

图7-20（f）中心脏金属表面使用点漆的方式，在注射器中灌入调制好的大漆，让大漆顺着针管自然流动，快速并均匀地点在金属表面，上方血管提前用漆平刷过一遍后衔接处开始点漆，从密集到稀疏，控制好疏密程度。下方血管处用粉色和蓝色大漆涂在表面，再放入荫房晾干。

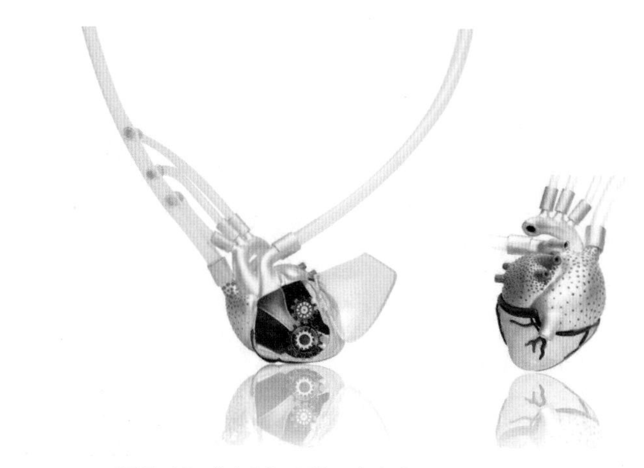

图7-19 “病变”项链，左为背面图，右为正面图

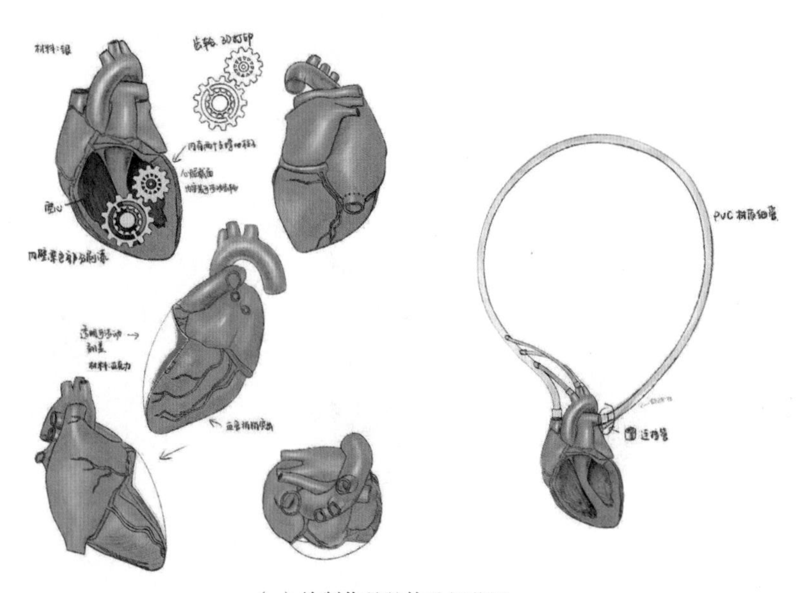

（a）绘制作品整体及细节图

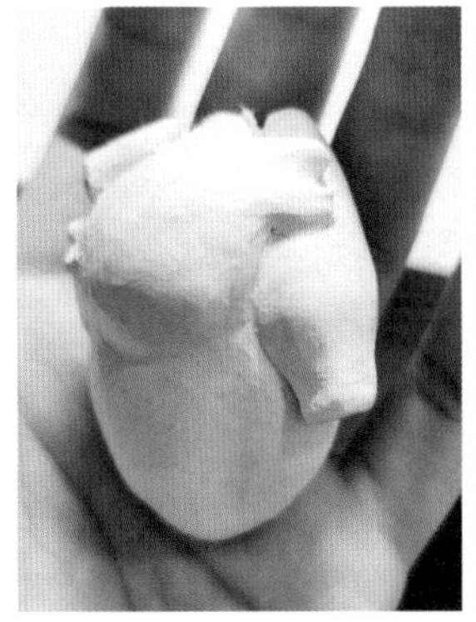

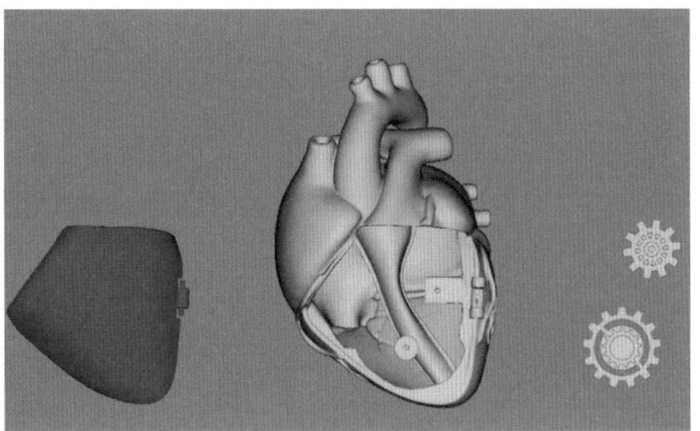

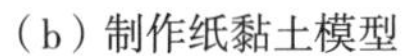
（b）制作纸黏土模型

（c）项链建模图

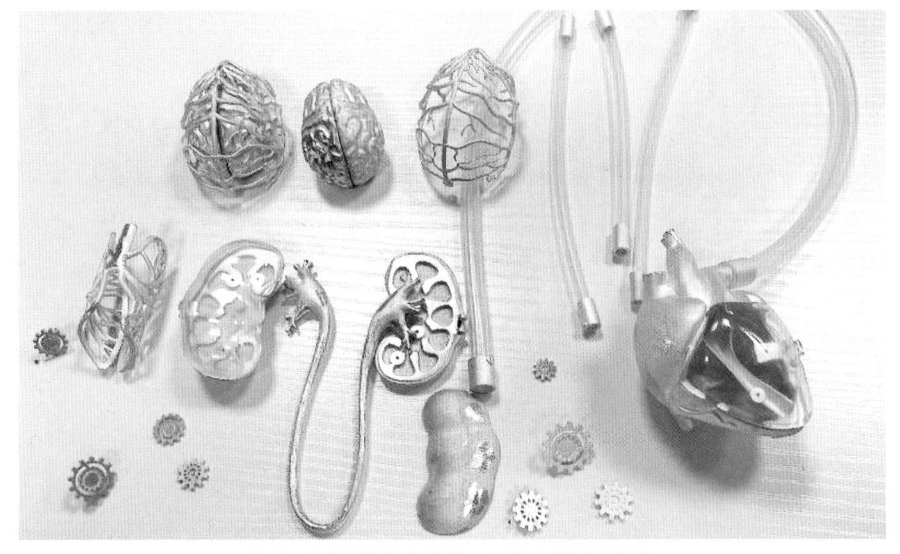

（d）完成银部件的处理，心脏内部进行喷砂

（e）将不需刷漆的部分用胶带缠好，起到保护作用

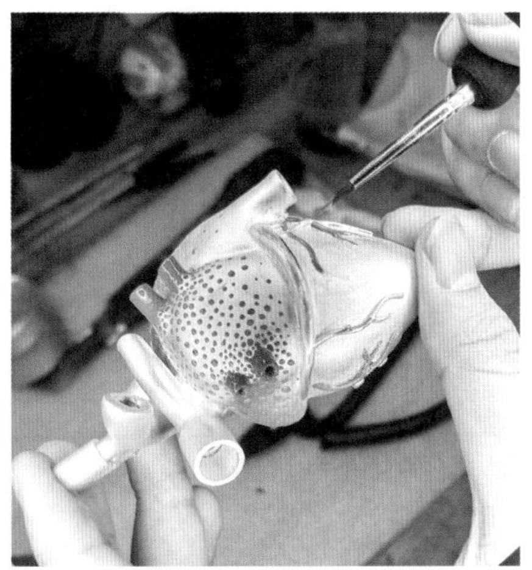

（f）上漆

图7-20 “病变”制作过程

三、漆艺其他技法

漆艺的技法除了上述的基本工艺以外还有描绘（金银彩绘、晕金、描金、彩绘等）、镶嵌（金属镶嵌、螺钿镶嵌、蛋壳镶嵌等）、磨绘（彩漆磨绘、莳绘等）、刻填（雕填、戗金、刻灰、刻漆等）和堆塑（高堆、薄堆、线堆、面堆等）等技法，可以根据设计的需要使用这些技法，图7-21及图7-22所示为使用漆艺中的莳绘技法创作的首饰。

图7-21 “暖春”台屏、首饰盒及耳环，邵佳莹，925银、生漆、金粉

图7-22 “枯山水”系列胸针，陈蓓，漆、925银、木头、半宝石

作品“枯山水”莳绘部分示例如图7-23所示。

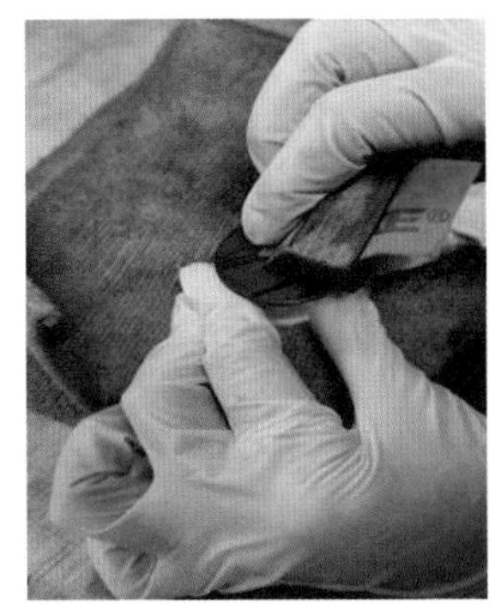

（a）将漆面打磨平整

（b）重复上漆直到覆盖住底胎后抛光

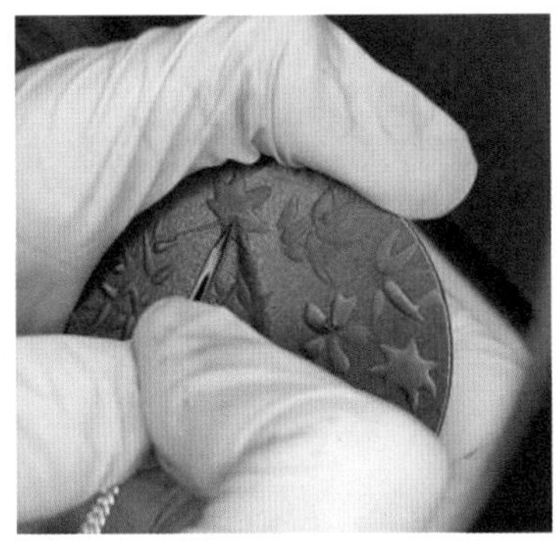

（c）抛光后拓印图案并堆高，待漆干后雕刻

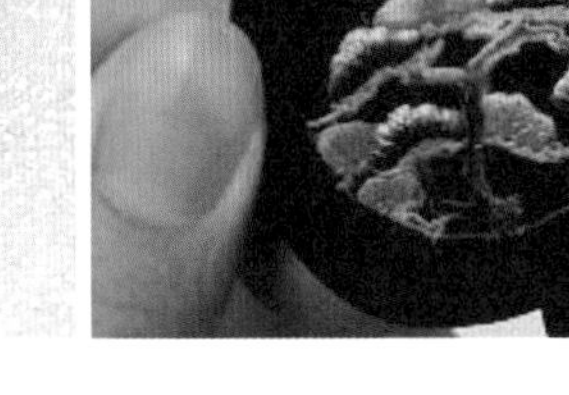

（d）分批次上色晕金

图7-23 “枯山水”莳绘制作步骤

第四节 毛皮、兽骨及兽牙

天然有机材料还包含动物的毛皮、兽骨和兽牙等，它们在当代首饰的应用材料中也较为常见。人类早期就经常用毛皮和兽骨、兽牙装饰自己，在捕猎到猛兽后会将它们的牙齿和骨头切磨然后钻孔，用兽皮制成绳子或皮条将它们串成项链，佩戴者可以通过这种装饰“震慑”他人。在当代首饰的创作中，这些材料的应用形式更加多样化，可以保持它们原始的状态直接使用，也可以对它们进行再加工处理。毛皮可以应用服饰加工的方法，因服装辅料中的人造毛和人造皮革造价更低、易加工，所以常常替代天然的毛皮。兽骨和兽牙可以用切、锯、磨、雕刻和镶嵌等方式加工。象牙雕刻曾经是流行的工艺品之一，自2018年1月1日起我国全面停止加工销售象牙及其制品。

毛皮、兽骨及兽牙作品如图7-24～图7-28所示。

图7-24 “蓝夫人”头饰，菲利普·特雷西（Philip Treacy）为亚历山大·麦昆（Alexander McQueen）设计

图7-25 项链，莫妮克·佩安（Monique Péan），猛犸象化石、恐龙骨头化石、白金、钻石

图7-26 耳饰，肖恩·利尼（Shaun Leane）为亚历山大·麦昆（Alexander McQueen）2003年春夏时装秀设计，银、豪猪毛

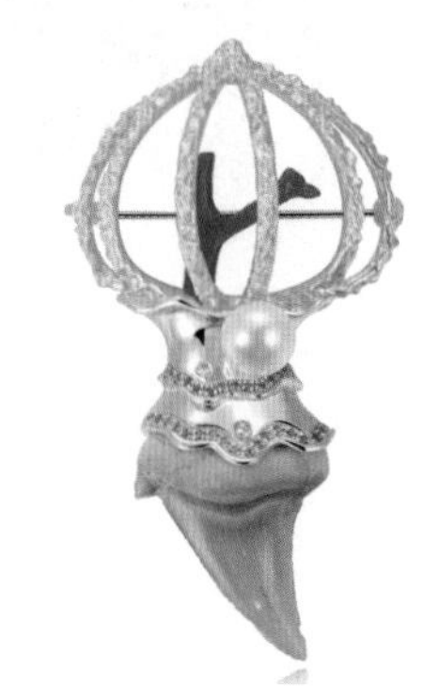

图7-27 “海洋之歌”胸针，周诗源，鲨鱼牙齿、珊瑚、珍珠、锆石、925银

图7-28 戒指，香特尔·古休（Chantel Gushue），牛骨、树脂、纯银、10K金、紫水晶、玻璃珠、油漆

思考题

1. 简述木头的基本加工方法。
2. 什么是细木镶嵌？
3. 简述木头的嵌丝工艺。
4. 什么是生漆？
5. 漆艺的基本步骤是什么？
6. 兽骨和兽牙可以用哪些加工工艺？

第八章 纤维类材料

课程名称： 纤维类材料

课程内容： 纤维材料的基本概念和种类
面料及丝线的材料特性、种类、工艺及首饰应用案例
人造毛和人造皮革的材料特性、种类及首饰应用案例
纸的材料特性、种类及首饰应用案例

课题时间： 8课时

教学目的： 通过学习，使学生了解纤维材料的基本知识，对其种类有基本认识。学习面料及丝线、人造毛和人造皮革、纸的基础知识，了解它们的材料特性、种类及基本工艺。对这些纤维材料在首饰上的应用案例进行赏析，了解它们的表现形式和工艺特点，为学生创作多样化材料首饰提供灵感。

教学方式： 结合归纳的图片和视频资料，系统的进行理论教学。

教学要求： 1. 了解纤维材料的基本知识。
2. 了解面料以丝线的基本知识，掌握材料特性和特色工艺，了解它们在首饰上的表现形式。
3. 了解人造毛和人造皮革的材料特性和其在首饰上的表现形式。
4. 了解纸的材料特性和其在首饰上的表现形式。

课前（课后）准备： 课前查阅纤维材料的相关书籍和图片资料，对此类材料在首饰上的应用案例进行调研。课后通过对教材的学习，掌握常用于首饰的几种纤维材料的基本知识和特性，了解它们的工艺，对它们在首饰上的应用和表现形式有清晰的认识。

纤维材料的种类繁多，其概念是指天然的或合成的具有细丝状或呈线性外形结构的物质，其中包括天然纤维（棉、麻、毛、丝）和化学纤维（尼龙、涤纶、腈纶等）。纤维材料具有柔韧性、可塑性、延展性及多彩性等特点，其能在视觉、触觉、感官等方面弥补坚硬材料的不足与缺陷。纤维材料的工艺技法有很多，并且可根据依附的材质不同而变化，这些技法不是独立存在的，而是可以相互搭配、交替使用的。在实际的创作过程中，可根据所搭配的材料特征来选择不同的工艺。纤维材料常用的技法有编织、环结、缠绕、缝缀、拼贴和染色等。

第一节　面料及丝线

面料和丝线是应用广泛的纤维材料，在日常生活中随处可见，它们主要应用于生活用品、服装及配件。主要的工艺有剪裁、拼贴、缝制、造花、编织、刺绣、3D打印、穿线等。

一、剪裁、拼贴和缝制

剪裁、拼贴和缝制是处理面料的常用方法，工艺的可控性较强，可以制作较大且复杂的物件，也很适合制作多功能首饰（图8-1），设计师致力于研究首饰与佩戴者之间的关系，巧妙运用了布料的柔软性及易加工性，将布料以拼接的方式缝制成项链的形状，这些项链既可作为首饰佩戴，也可以作为服装上的领子来佩戴。

图8-1　项链、衣领，马赫特德·范乔林根（Machteld Van Joolingen），布料

二、造花

造花是通过对纤维类面料热加工制作仿生花的工艺，它的做法是先将布料上浆，按花瓣型剪裁，逐片染色，逐片烫具加热定型，粘贴捆扎成型。布料的轻盈材质可以制作大型的首饰，可染色、易加工的特性也易于与特殊的材料搭配，例如，矿石原石、金属材料等（图8-2）。

图8-2 “为什么海岸犹存”胸针、项饰及戒指，蔡怡，光缎、铁方解石、锰方解石、蔷薇辉石、碧玺、银

三、编织

编织也是纤维类首饰的重要工艺之一，纤维材料的多样性可以提供软、硬、粗、细各不相同的线性材料，通过手工或机器编织制作的首饰造型，同时也可以搭配金属、有机玻璃或陶瓷等这些坚硬的材料，增加颜色和肌理的对比与质感（图8-3~图8-7）。

图8-3 戒指、项链，岩泽洋子（Yoko Izawa），莱卡、尼龙、有机玻璃

图8-4 “相生”胸针，叶婷，编织线、925银

图8-5　项链，奥雷利·比德曼（Aurélie Bidermann），丝线、玻璃珠

图8-6　“异常混合”耳环，安克·亨尼格（Anke Hennig），尼龙、人造丝、玻璃珠、925氧化银

图8-7　胸针，石川麻里（Mari Ishikawa），925氧化银、丝织物

四、刺绣

刺绣与首饰都有着悠久的历史，过去在东方它们鲜少结合，在欧洲曾有过将珠宝与刺绣结合的历史，在古希腊时期多利安人的外套上出现过刺绣与珠宝的搭配，中世纪欧洲的贵族女子也喜爱将刺绣与珠宝结合，使其服装更加奢华。但这些结合多是将珠宝缝制在服装上与刺绣搭配，珠宝与刺绣的结合更多是服务于服装的，而非独立存在的。“当代首饰”名词的诞生，使刺绣首饰也成为设计师尝试的形式之一，总结目前刺绣与首饰结合的方法有镶嵌法、粘贴法、锢（绷子）和独立成型这几种形式。

（一）镶嵌法

镶嵌法是刺绣首饰制作中最常见的方式。这种方法能有效地将刺绣片固定在首饰上。

爪镶和包镶应用最为广泛。爪镶是一种利用金属爪将被刺绣片紧扣在金属底板上的镶嵌法（图8-8），通常分为二爪镶、三爪镶、四爪镶和六爪镶等，爪的分布根据刺绣片的形状、大小和厚度而定。包镶是用金属边将刺绣片边缘包住使其固定在金属底板上的镶嵌工艺（图8-9）。镶嵌法对刺绣片有一定的要求，刺绣片的绣地必须具有一定厚度，这样才能更好成型，便于镶嵌。绣地是指刺绣的底子，绣地按材质分大概有植物纤维布料（纯棉布、棉布、棉和麻交织布）、动物纤维布料（丝绸、软缎、羊绒、乔其纱和纯毛尼料等）、化纤布料三种。镶嵌类刺绣首饰的绣地不宜选择轻薄的丝绸或纱，更适合选用植物纤维布料，例如，棉布、麻交织布，刺绣技法的苗绣、潮绣和十字绣等比较适合此类绣地（图8-10）。

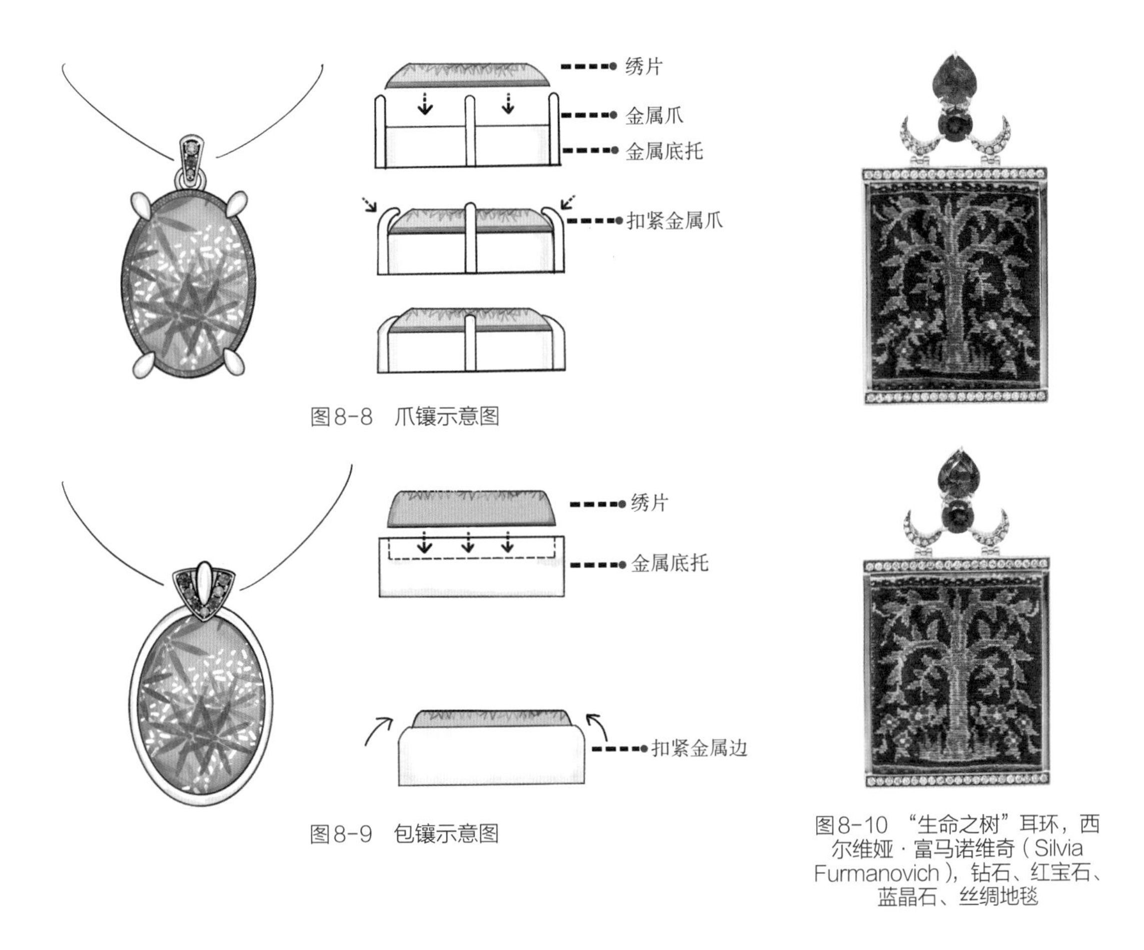

图8-8 爪镶示意图

图8-9 包镶示意图

图8-10 “生命之树”耳环，西尔维娅·富马诺维奇（Silvia Furmanovich），钻石、红宝石、蓝晶石、丝绸地毯

（二）粘贴法

粘贴法与镶嵌法中的包镶制作方法相似，同样都需要金属板和金属边。粘贴法需要金属板和金属边形成一个有底的凹槽，将刺绣片粘贴在金属凹槽内固定，凹槽的金属边必须高于刺绣片，这样能够起到保护刺绣片的作用，使其不易损坏或脱落（图8-11）。这种方法与包边镶不同的地方是凹槽的边不需要包住刺绣片。粘贴法优于镶嵌法的地方是对刺绣片的厚度

没有限制，刺绣片也不再局限于规则的形状，同时凹槽的金属边可以更宽，以便于镶嵌宝石做装饰，使首饰造型更加丰富（图8-12、图8-13）。

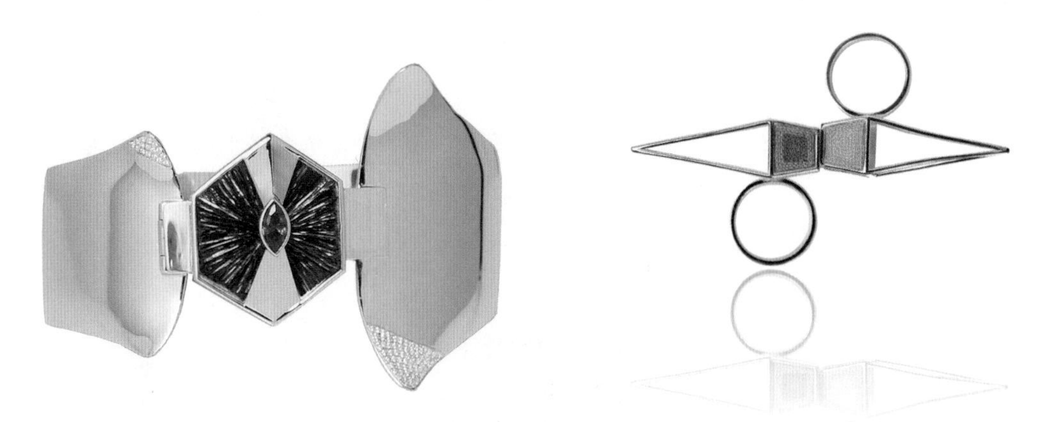

图8-11 “秀”手镯，郭鸿旭，刺绣、925银镀白金、锆石　图8-12 “新绣”戒指，金子旋，钩珠线、925银

图8-13 “潮汐”项圈，徐鸿宇，绣线、亮片、925银镀白金、珍珠、锆石

（三）锢（绷子）

通常首饰的体量较小，使用镶嵌法和粘贴法所能表达的内容有限，为了更好地表现刺绣的图案，将刺绣工具——绣绷变成首饰的载体，也不失为一种有效方法。绣绷是刺绣时用于绷紧绣地的工具，形状常见圆形，也有方形或矩形。由外圈和内圈组成，材质多为竹制、木制或塑料，绣布夹在内圈和外圈之间，用一颗螺丝控制内外圈的伸缩，便于固定绣布。利用此原理制作的刺绣首饰如图8-14和图8-15所示，先将绣绷的材料改成925银，这样使其更加坚固，将925银绣绷缩小尺寸并控制好重量，在内圈的背面焊接胸针的背针，让其适合佩戴，这样的方法可以使刺绣片最大化地呈现在首饰上，也可以通过螺丝来进行拆卸以更换

不同的刺绣片，使作品成为可替换式的首饰。也可以尝试不规则形的绷子，如图8-16所示，用心形的造型制作绷子，同样也能将绣片与金属框固定在一起。这说明只要掌握这种基本方法，就能创作出更多造型的刺绣首饰。

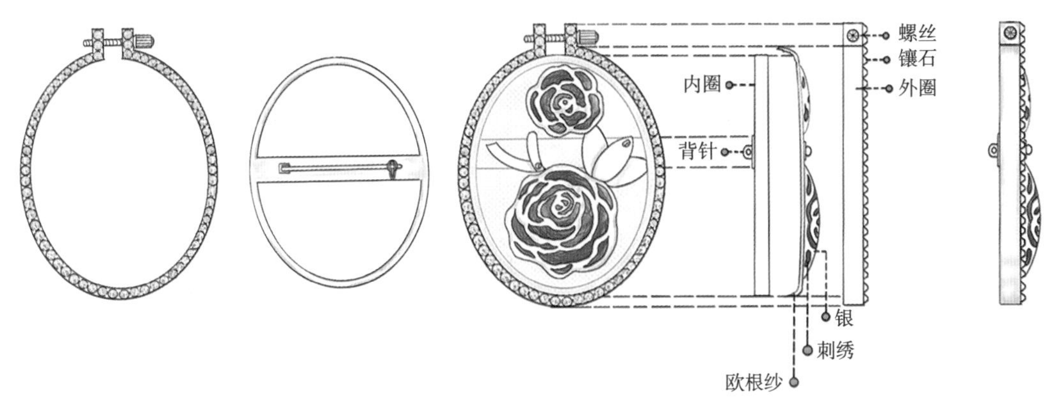

图8-14 制作示意图

图8-15 “绣”胸针，郭鸿旭，925银、刺绣、欧根纱、欧泊、紫水晶、珍珠、锆石

图8-16 胸针，郭鸿旭，925银、欧根纱、羽毛、锆石、印度丝、珠子、亮片

（四）独立成型

独立成型的刺绣首饰通常以较为立体的刺绣为主，再搭配金属的搭扣或背针，使其可以佩戴。这类刺绣必须要有较硬的绣地或有可支撑轻薄绣地的框架。

质地较硬的绣地有棉布、麻交织布和不织布等。以不织布为例，它是一种不需要纺纱织布而形成的织物，它是纤网结构，不透底、易裁剪、质地较硬，非常适合独立成型的刺绣首饰。在不织布上直接刺绣后，用锁边绣法定型剪裁或直接剪裁，然后再搭配搭扣或背针，独立的刺绣首饰就完成了（图8-17、图8-18）。

图8-17 “格雷塔·T”吊坠，露基娅·理查兹（Loukia Richards），纺织品、珊瑚、塑料、安全别针，图片摄影：克里斯托夫·齐格勒（Christoph Ziegler）

图8-18 “蜂鸟”项链，凯·翰（Kay Khan），丝绸、墨水、丙烯画、玻璃珠、金属钩扣

用轻薄的绣地制作独立成型的刺绣首饰有两种方法，一种是将轻薄绣地与较硬的布料结合，用锁边绣法将它们固定在一起，剪裁，搭配搭扣或背针。另一种是用立体刺绣的方法制作支撑框架，使刺绣整体具有一定硬度。

立体刺绣的方法多样，例如，潮绣、苗绣中的凸绣和法式刺绣等。潮绣的特点之一是垫高立体绣，在刺绣前使用纸丁、棉絮制作造型垫在绣布上面，用金、银丝线刺绣覆盖，产生高低起伏的浮雕效果，边缘部分使用锁边绣法，剪下图案后搭配搭扣或背针即可形成独立的刺绣首饰。法式刺绣也是立体刺绣的重要技法之一。法绣的特别之处在于使用了木质钩针（Crochet de Lunéville）这种特殊工具，这是一种头部是尖的钩子，尾部是木头或塑料手柄的工具，最早源自印度（图8-19）。针头分不同型号，可以使用棉线、蚕丝线、珠片等。通常使用链式缝法（Chain Stitch），这种针法可以快速平绣、填绣、钩边。制作法式立体刺绣首饰的方法是先用金属丝勾勒刺绣图案边缘，用绣线固定金属丝的位置，用钩针围绕金属丝前后钩线，针法要求细密，把线和纱（布）一起与金属丝框架固定。这种针法的作用类似锁边绣。刺绣可以在制作框架前或后，根据各人的习惯而定，整体绣好后将图案剪下，根据设计拗出起伏的造型，搭配搭扣或背针（图8-20）。

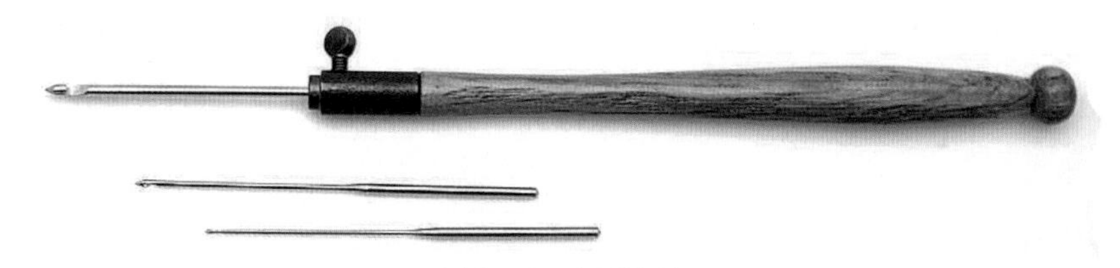

图8-19 木质钩针

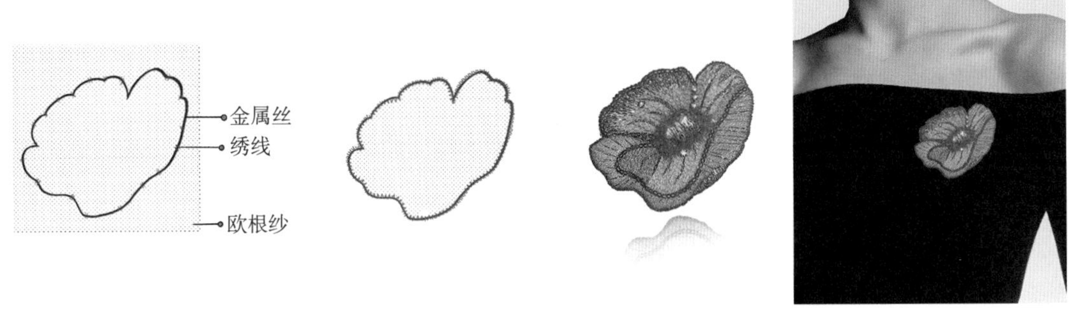

图8-20 立体刺绣胸针，郭鸿旭，欧根纱、绣线、金属丝、人造水晶

五、3D打印、穿线

3D打印作品（图8-21、图8-22）、穿线作品（图8-23、图8-24）。

图8-21 纤维戒指，叶夫根尼娅·巴拉肖佤（Evgenia Balashova），纯银镀金、3D打印尼龙

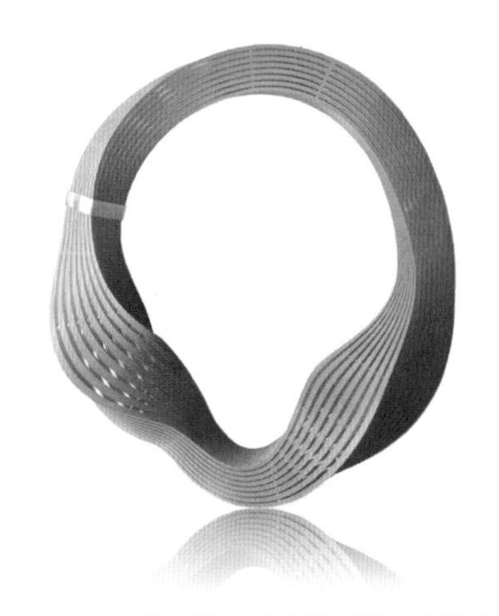

图8-22 纤维项链，叶夫根尼娅·巴拉肖佤（Evgenia Balashova），纯银、3D打印尼龙

图8-23 "水形物语"项圈，刘恩佐，925银、丝线、推光漆、金箔

图8-24 "持有鸟类者"戒指，王诗韵，925银镀白金、丝线、欧泊、水晶洞

第二节　人造毛和人造皮革

人造毛属于合成纤维，它的外观与动物的毛皮类似，常用于服装、帽子、被褥、室内装饰物等。它的价格比真的毛皮便宜，品种繁多、可以染色、易于加工。人造皮革是以纺织布或无纺布为基底，由聚氯乙烯（PVC）和聚氨酯（PU）等发泡或覆膜加工制成的，它与真皮外观相似，但价格比真皮便宜，防水性和耐磨度更好，可以根据要求制作不同色泽的花纹图案。人造皮革的用途也非常广泛，例如，皮衣、皮件、制鞋、家具和家居物品等。

在当代首饰创作中人造毛和人造皮革也是不可缺少的主要材料之一，它们的制作方法主要有手工或激光切割、贴面、缝制、冷接、拼贴、镶嵌等（图8-25～图8-27）。

图8-25　手镯，塔妮娅·克拉克·霍尔（Tania Clarke Hall），皮革、金、银

图8-26　“敞车”胸针，安娜玛丽亚·扎内拉（Annamaria Zanella），皮革、黄金、青金石颜料

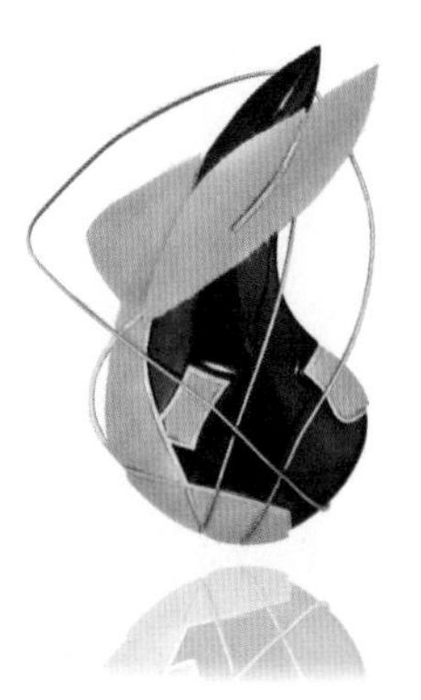

图8-27　“腹·欲”系列胸针，孙珺，925银，冷珐琅，仿真皮毛

第三节 纸

纸的原料成分中主要是植物纤维，包括纤维素、半纤维素和木素三大主要成分，及少量的树脂和灰分、硫酸钠等成分。纸的用途广泛，通常用于书写、印刷、包装和卫生等。根据功能分为铜版纸、印刷纸、新闻纸、板纸、宣纸和草纸等。纸张可切割、折叠、撕扯、分层、雕刻、染色，也可以与几乎所有其他材料冷连接。不同类型的纸张质地也各有不同，在首饰创作中可利用这些特点进行创作。纸与首饰的结合方式一般是镶嵌（图8-28、图8-29）、粘贴（图8-30~图8-32）、独立成型（图8-33~图8-35）。

图8-28 戒指，藤本直彦（Nahoko Fujimoto），纸、银

图8-29 胸针，小仓丽子（Ritsuko Ogura），瓦楞纸、银、丙烯颜料

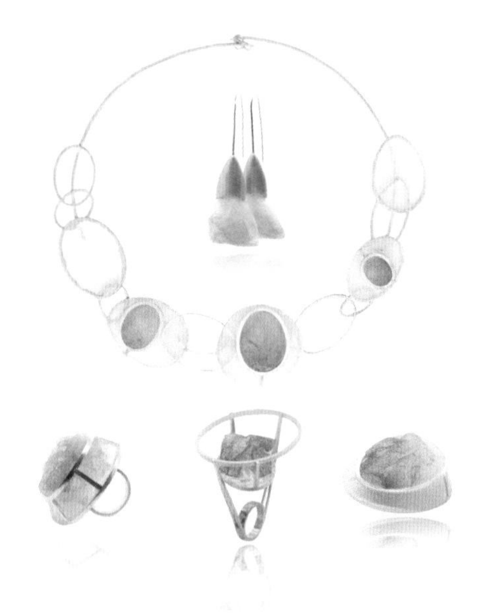

图8-30 “翡”系列首饰，王孝，925银、纸

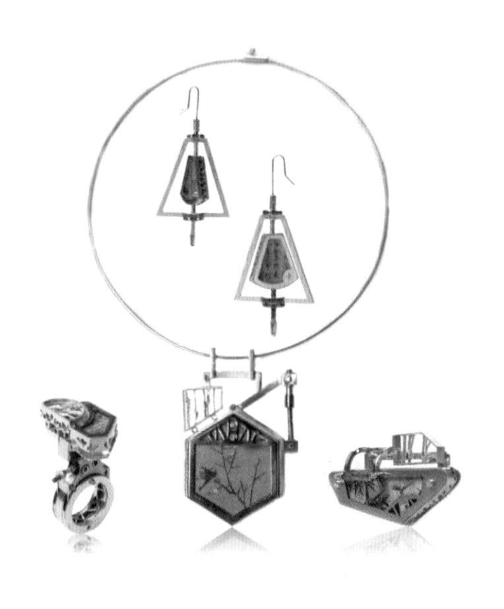

图8-31 “北宋镜像”系列首饰，张叶轩，银、白铜、纸、锆石、碧玺

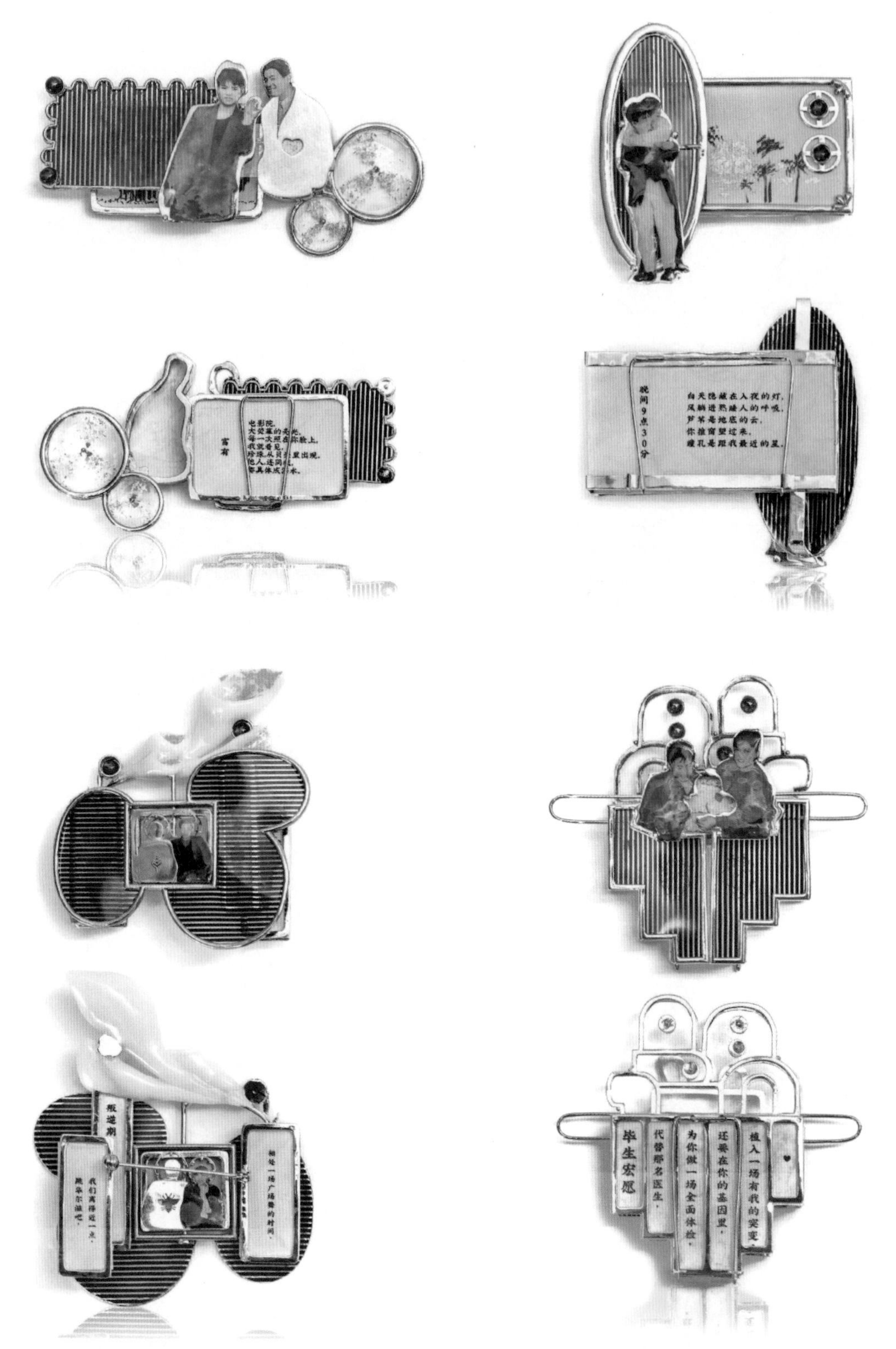

图8-32 “极力抵制物质爱情”胸针，姜雨佳，相片、PC片、树脂、石榴石、金箔、黄铜

图8-33 手镯，苏珊娜·霍尔辛格（Susanne Holzinger），纸

图8-34 胸针，长野和美（Kazumi Nagano），竹草纸、尼龙线、金、银丝

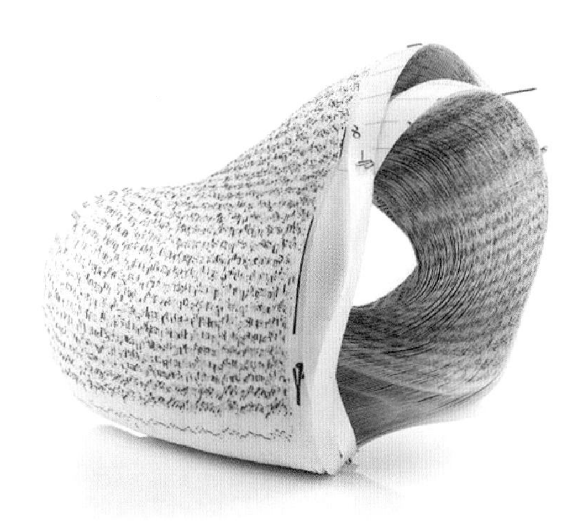

图8-35 胸针，詹娜·西瓦诺哈（Janna Syvanoja），再生纸、钢丝

思考题

1. 首饰创作中使用的纤维类材料有哪些？
2. 列举制作面料或制作丝线类首饰的方法。
3. 首饰创作中人造毛和人造皮革的制作方法有哪些？
4. 纸与首饰的结合方式有哪些？

参考文献

[1] 史永，贺贝. 珠宝简史[M]. 上海：上海商务印书馆，2018.

[2] 休·泰特，朱怡芳. 7000年珠宝史[M]. 北京：中国友谊出版公司，2019.

[3] 琳达·达尔蒂，王磊. 珐琅艺术——工艺技术·作品展示·灵感启发[M]. 上海：上海世纪出版股份有限公司，2015.

[4] Arline MF. Textile Techniques in Metal: For Jewelers, Textile Artists & Sculptors[M]. Echo Point Books & Media, 1996.

[5] Arline MF. Crocheted Wire Jewelry: Innovative Designs & Projects by Leading Artists[M]. Union Square & Co., 2009.

[6] Mary H. Fabulous Woven Jewelry: Plaiting, Coiling, Knotting, Looping & Twining with Fiber & Metal[M]. Maryland Lark Books, 2006.